발효가 필요없는

퀵브레드
QUICK BREAD 100

발효가 필요없는

퀵브레드
QUICK BREAD 100

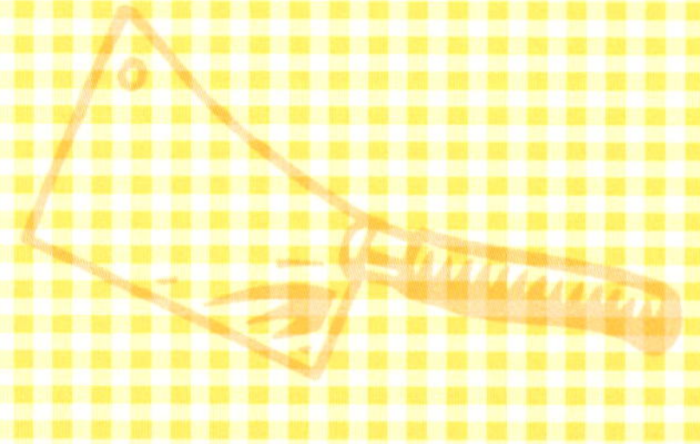

발효가 필요없는

퀵브레드
QUICK BREAD 100

발효가 필요 없는

퀵브레드
QUICK BREAD 100

발효가 필요 없는
퀵브레드
QUICK BREAD 100

저자 이주희

서양화가 이주희는 그림 그리는 것 외에 케이크나 쿠키 만드는 것을 좋아해서
건강하고 멋스러운 베이크, 눈으로도 행복감을 느낄 수 있는 품격 있는 베이크를 즐겨 해오고 있다.
또 여러 문화센터 등에서 건강한 레시피로 만드는 베이크와 슈거케이크 관련 강의를 다수 하고 있고,
대표로 있는 슈거갤러리 J의 정원에서 요리미술과 슈거크래프트, 쿠킹 클래스를 열고 있다.

약력

- 16회의 개인전 개최
- 이주희의 아름다운세상전시회 개최
- 제4회 New York World Art Festival 대상 수상
- Beijing OLYMPIC China Art Fair 참가
- New York UN본부 등 국내외서 수많은 전시회 개최
- 홈플러스에서 Christmas Season Cake &Sugar Craft 전시
- The Wedding Magazine Wedding Cake 화보 촬영
- 서울무역전시컨벤션센터에서 Korea Art Summer Festival 미술전시에 Opening Cake 제작
- Ansan International Art Fair에서 Opening Cake 제작

초판 인쇄일 _ 2011년 11월 21일
초판 발행일 _ 2011년 11월 28일
지은이 _ 이주희
발행인 _ 박정모
등록번호 _ 제9-295호
발행처 _ 도서출판 혜지원
주소 _ (130-844) 서울시 동대문구 장안 1동 420-3호
전화 _ 02)2212-1227, 2213-1227 / **팩스** _ 02)2247-1227
홈페이지 _ www.hyejiwon.co.kr

편집진행 _ 송유선
디자인·본문편집 _ 박혜경
표지디자인 _ 안홍준
영업마케팅 _ 김남권, 황대일, 서지영
ISBN _ 978-89-8379-704-9
정가 _ 12,000원

발효가 필요 없는

퀵브레드
QUICK BREAD 100

이주희 지음

혜지원

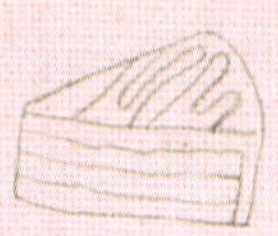

prologue

"먹을 수 있는 미술,
혀끝으로 감상하는 미술
요거 참 매력적이다."

만지면 마음도 보들보들해지는 아기엉덩이같이 보드랍고 말랑한 반죽,
과일과 채소, 두부로 만드는 채식 초콜릿의 건강하고 깊은 맛,
신기하기만 한 천연효모 키우기,
끝도 없이 창작의 날개를 펴게 되는 슈거크래프트 작품 만들기.
언젠가부터 이것들에 빠져 모든 것을 잠시 잊고 살았다.

짙은 비리디언 색을 띤 단호박을 반 갈랐을 때 펼쳐진 광경에 "와우~." 하며 탄식하고, 어디서 왔는지 모를 코끝을 살짝 스치는 산소 같은 자연의 향과 함께 눈앞에 황홀하게 펼쳐진 잘 익은 속살에 "야~, 잘 익었다!", "예쁘다." 듣는 이 없어도 무심코 이런 말이 튀어나온다. 요리를 하다 보면 세상에 이렇게 예쁜 색도 있었던 것일까, 하고 감탄할 때가 있다. 자연에서 온 색이야말로 그 어떤 화가의 색보다 아름답다.

"파이를 만들까, 케이크를 만들까?"
"호박을 올려 케이크를 만들어볼까?"
"삼각구도로 잡을까. L자구도로 할까?"
머릿속에 행복에 겨운 말풍선들이 여기저기서 뽀글뽀글 올라와 날 괴롭힌다. 레시피를 만들고 케이크가 구워지기를 기다릴 때의 심정은 하얀 캔버스 앞에서 새로 탄생할 그림에 대한 기대감으로 유화 물감을 섞을 때와 비슷하다. 이렇게 베이킹에 미쳐 지내다보니 나도 모르는 사이 화실 한편에 늘 어지러운 주방 하나가 딸리게 되었고, 예쁘다고 하나둘 사다 나른 그릇들은 서랍을 가득 채우고 있다.

“머하노~, 그림은 안 그리고.”
“안 답답해, 혼자?”
“좀 놀지.”
엉덩이에 못이 박히게 화실에 앉아 보냈던 지난 시간들도 있었다. 하지만 “먹을 수 있는 미술”에 빠지고
난 이후로는 그 어떤 말도 귀에 들어오지 않았다.

그러다.. 책을 내게 되었다.
남들이 웃을까봐 걱정도 된다.
하지만 이 부담을 넘어 크게 얻은 것 하나 있으니, “먹을 수 있는 미술”은 앙상하고 메마른 나뭇가지를
꽃 피울 수 있는 봄날의 햇살 같이 막강한 파워를 가지고 있다는 것이다. 지인들이 내가 만든 케이크를
보고 어떤 가식적인 뜻도 담지 않은 행복한 미소를 보여줄 때면 그들의 미소가 정말 아름다운 예술이라
고 느낀다.

“굶을지언정 아무거나 먹을 수 없다”
초현실주의 화가 달리는 이렇게 말했다.
그런데 우리는 매번 “아무거나, 아무거나.” 한다. 적당히 매일 습관처럼 해왔지만 사실 먹는다는 것은
경건한 의식일 수 있다.

우리는 형식적이거나 바쁘다는 핑계로, 또는 또 다른 수많은 이유로 우리들의 지상 최대의 축복인 “먹는
것”을 대충해왔다. 아니 어쩌면 더 맛있고 즐겁게 즐길 수 있는 방법을 몰랐다고 하는 편이 나을 수도 있
겠다. 어찌됐건 적당히 무심코 흘려보낸 시간들이 아깝다. 좀 더 아끼고 사랑하고 맛있게 즐길 시간들을
야물게 건지지 못했다. 이제부터라도 몸과 마음과 눈을 “먹을 수 있는 미술”로 최대한 호사시키자.
먼저 호사를 누리게 될 귀한 시간들에게 감사부터 해야겠다.

저자 이주희

contents

part 1 건강 베이킹

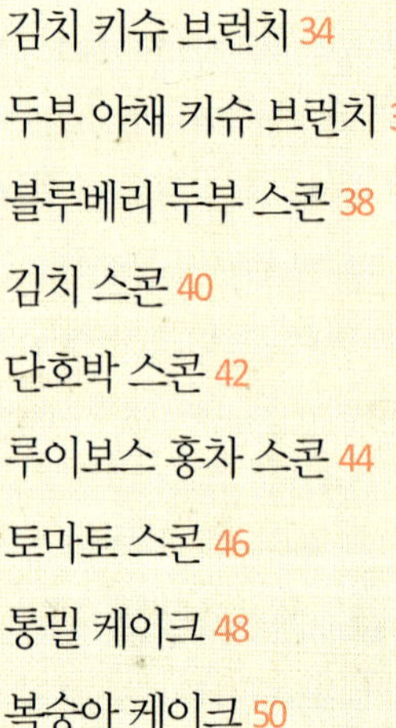

part 2 쉽게 만드는 케이크

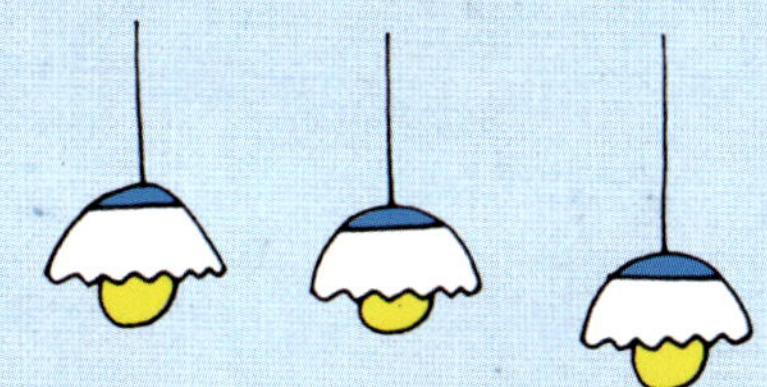

베이킹 재료

밀가루

홈 베이킹의 주된 재료로 강력분, 중력분, 박력분 세 종류로 나눌 수 있다. 부드럽고 바삭한 쿠키나 케이크엔 글루텐 함량이 가장 적은 박력분을 쓰고 빵이나 파이 등을 많이 부풀리려고 할 때는 글루텐 함량이 높아 점성과 탄력성이 좋은 강력분을 쓴다.

통밀

밀의 껍질만 벗겨서 빻아 입자가 거친 밀가루이다. 갈색을 띠고 일반 밀가루보다 식이섬유와 비타민, 무기질이 많으며 맛도 구수하다.

우리밀

말 그대로 우리 땅에서 자란 밀가루이다. 수입 밀가루에 비해 가격은 조금 비싸지만 수입해오는 과정에 방부제나 보존료가 들어간 수입 밀가루보다 방부제 걱정이 없는 우리밀가루를 이용하는 것이 건강에 좋다.

달걀

베이킹에서 노른자는 케이크 재료를 섞을 때 서로 잘 섞이게 하는 역할을
하지만 흰자는 유분을 분리시킬 수 있다. 달걀은 1개의 무개가 60g 정도
나가는 크기와 표면이 신선한 것을 주로 쓴다. 흰자는 주로 케이크 만들 때
거품을 올려서 다른 재료들과 섞어 사용한다.

설탕

설탕은 베이킹에 기본이 되는 재료 중 하나로 단맛을 낼 뿐 아니라 달걀이
나 크림의 거품을 안정시켜 주며 반죽을 구웠을 때 색이나 맛에 영양을 준
다. 단 것을 원하지 않는다고 해서 레시피보다 설탕의 양을 너무 많이 줄이
면 결과물 맛이 좋지 않은 경우가 많으므로 적당한 선에서 조절하도록 한
다.

카놀라유

유채꽃에서 추출한 오일로 색과 맛, 향이 없어서 결과물의 맛에 영향을 끼
치지 않아 좋다. 불포화산 지방이고 혈중 콜레스테롤을 낮추는 토코페롤
이 많이 함유되어 있으며 주로 버터 대신 케이크나 쿠키에 넣는다.

아가베 시럽

이름이 많이 알려지지 않아서 다소 생소하지만 아가베 시
럽은 아가베 선인장에서 추출한 천연당분으로 미네랄이
풍부하다. 설탕에 비해 칼로리가 낮은데 당도는 세 배 이
상 높다. 맛과 향이 거의 없어 일반요리는 물론 베이킹에
좋은 천연재료이다.

무염버터

소금이 첨가되지 않은 버터로 반죽을 서로 엉키게 하고 결을 만들어주며 쿠키나 케이크를 부드럽고 촉촉하게 한다. 무염버터는 가염버터보다 부드러워 다른 재료와 잘 섞인다. 잘게 잘라 냉장고에 보관하면 바로 사용해야 할 때 편리하다. 홈 베이킹에는 질이 좋은 100% 우유를 사용한 천연버터를 사용하기를 권한다. (포장지에 무가염 또는 무염으로 표기되어 있다.)

크림치즈

우유와 생크림을 섞어 숙성시키지 않고 만들어 새콤하고 부드러우며 컵케이크의 프로스팅이나 치즈케이크에 주로 사용한다. 버터와 같이 실온에 꺼내두었다가 부드러워졌을 때 사용해야 다른 재료와도 잘 섞이고 잘 풀어진다.

생크림

생크림은 우유의 유지방으로 만든다. 케이크의 부드럽고 고소한 맛을 위해 넣기도 하고 거품을 내서 토핑이나 케이크를 장식할 때 쓰기도 한다. 유지방 함량이 35% 이상으로 높을수록 좋다. 시중에 파는 휘핑크림은 식물성 유지를 가공해 만든 것으로 휘핑크림보다 생크림이 맛도 좋고 거품도 잘 일어난다.

견과류

호두, 피칸, 피스타치오, 아몬드 등을 잘게 자르거나 케이크 위에 모양으로 올린다. 쓸쓸한 맛을 없애기 위해서 따뜻한 물에 씻어서 오븐에 구워 사용한다. 갈아서 사용하는 것은 반죽의 고소한 맛을 살리기 위함이다. 밀봉해서 냉동실에 보관한다.

건과일

건과일은 굽는 과정에서 케이크에 수분을 빼앗길 수 있어 럼주에 재워서 사용한다. 건포도, 말린 체리, 살구, 푸른, 무화과, 망고, 파인애플 등으로 케이크에 다양하게 활용한다. 건과일도 유통기한이 있다. 1년을 넘기지 않도록 한다.

젤라틴

콜라겐에서 추출한 단백질로 케이크를 굳히는 역할을 한다. 가루 젤라틴과 판 젤라틴이 있으며 둘 다 형태만 다를 뿐 찬물에 녹여서 사용한다.

초콜릿

홈 베이킹에서는 가공되지 않은 커버처 초콜릿을 사용하는데, 중탕으로 녹여 사용하거나 반죽에 섞어서 사용한다. 함량이 높은 것부터 낮은 것까지 있으니 적당한 것을 골라 사용하도록 한다. 제품을 살 때는 뒷면의 라벨을 꼭 읽어보도록 한다. 템퍼링(커버처 초콜릿은 녹이면 각각의 성분들이 분리되기 때문에 초콜릿의 온도를 높였다가 다시 낮추어 주고, 다시 온도를 높여 분리된 것들을 다시 균일하게 혼합함으로써 초콜릿의 맛과 광택이 좋아지도록 하는 것)이 가능한 것인지, 다크초콜릿이라면 몇 %의 함량인지를 보고 적당한 곳에 맞게 쓴다.

슈거파우더

순도 높은 설탕과 전분을 섞어 곱게 빻은 가루로 쿠키 아이싱 할 때나 케이크 반죽 등에 사용한다. 습기를 흡수해 버리는 성질이 있으므로 밀봉해서 습기가 적은 곳에 보관해야 한다. 버터크림, 머랭, 반죽 등에 넣고 사용한다.

베이킹파우더

반죽을 위쪽으로 부풀리는 데 필수적인 역할을 하며, 밀가루와 함께 체에 내렸다가 사용해야 전체적으로 골고루 분산된다. 참고로 베이킹소다는 옆으로 부풀리는 역할을 하며 코코아나 색이 진한 재료를 사용할 때 쓰면 색이 좀 더 진해진다.

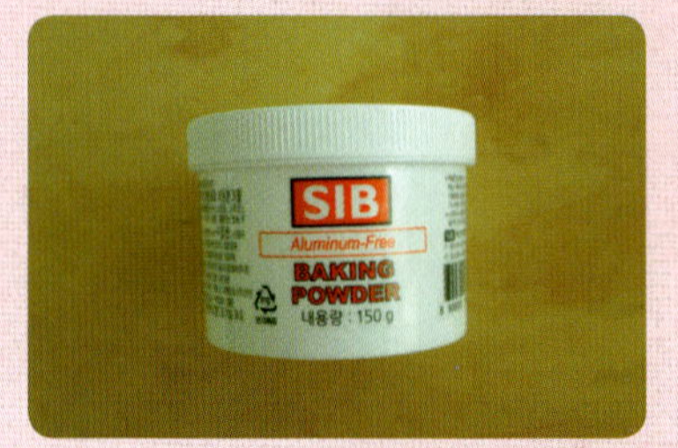

코코아가루

카카오 열매를 으깨서 가루로 만든 다음 지방을 뽑아낸 가루로 다른 가루들과 함께 섞어서 사용한다. 당분이 있는 것을 사용하면 반죽이 질어지므로 질이 좋고 진한 무가당 코코아 가루를 사용한다.

바닐라

바닐라 농축액은 바닐라 향을 농축시킨 것이다. 바닐라 향신료는 달걀 비린내나 밀가루 냄새 등을 없앨 때 사용한다. 바닐라 빈은 쉽게 구할 수 있는 것이 아니므로 바닐라 농축액을 구해 적당한 곳에 몇 방울씩 떨어뜨려 사용한다. 오븐에 굽는 것은 바닐라 오일을 사용하고, 바닐라 에센스는 휘발성이 강하므로 무스 케이크 등에 쓴다.

레몬주스

신선하고 상큼한 맛과 향 때문에 베이킹에 다양하게 사용한다. 레몬은 바로 짜서 쓰면 좋지만 그렇지 않을 땐 농축액을 사용한다. 생크림이나 달걀 흰자로 거품을 낼 때 넣으면 단단하게 거품을 만들 수 있다. 레몬 껍질은 잘 씻어서 잘게 다져 쿠키나 케이크에 넣는다.

오트밀

볶은 귀리를 납작하게 눌러 놓은 것으로 식이섬유와 영양소가 풍부하며 고소한 맛이 있어 베이킹에 많이 쓰인다.

메이플시럽

당도가 낮고 칼슘과 철분이 풍부하며 단풍나무에서 추출한 천연당분으로 약간의 고소한 향을 포함하고 있다. 건강 베이킹에 설탕 대용으로 사용한다.

조청

쌀로 만들어 소화가 잘되며 설탕 대신 사용할 수 있다. 갈색을 띠며 쿠키나 케이크의 단맛을 낸다.

두부

칼로리가 낮고 양질의 단백질이 풍부하여 훌륭한 건강 베이킹 재료이다.
딱딱한 찌개용 두부보다 적당히 부드러운 것이 다른 재료와 잘 섞인다.

두유

첨가제가 없는 콩으로만 만든 자연 그대로의 두유가 좋다. 베이킹에 사용
하면 소화도 잘되며 칼슘도 풍부하다.

윌튼 식용색소

케이크나 쿠키 등을 만들 때 혹은 데커레이션을 하기 위한 아이싱을 만들
때 넣는 천연색소로 소량만 넣어도 원하는 색을 만들 수 있다.

과일 퓨레

과일의 껍질과 씨를 발라낸 후 잘게 썰고 조려서 베이킹에 활용한다. 설탕
이나 꿀을 첨가해서 잼과 같이 조려두었다가 필요할 때 사용할 수도 있다.

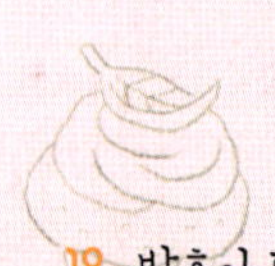

베이킹 도구

핸드믹서

반죽이나 달걀 거품, 생크림 거품을 낼 때 편리하다. 거품기를 쓸 때 보다 힘이 덜 들고 시간을 단축시킬 수 있으며 와트가 높을수록 힘이 좋다. 반죽용 핀, 거품용 핀, 블렌더용 핀 등 용도에 따라 거품기의 날개를 선택해 사용할 수 있다.

저울

정확히 계량하는 것이 홈 베이킹의 기본이기 때문에 저울은 베이킹의 필수 도구이다. 전자저울은 1g 단위까지 정확하게 잴 수 있고 아날로그 방식은 값이 싼 반면 정확한 눈금 측정(특히 적은 양)이 어렵다. 최대 2kg까지 측정하는 전자저울을 구입하는 것이 사용하기에 편리하다.

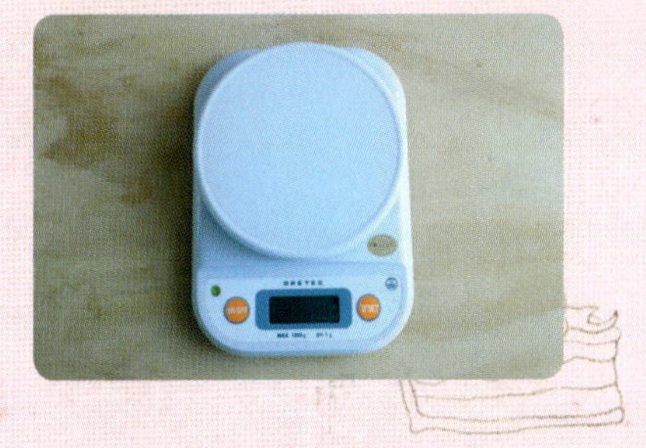

온도계

오븐 내부의 온도를 재는 온도계도 있지만 초콜릿을 템퍼링할 때나 시럽을 끓일 때, 반죽의 온도를 잴 때 사용한다. 반죽의 중앙에 온도계를 넣어 내부 온도를 측정한다.

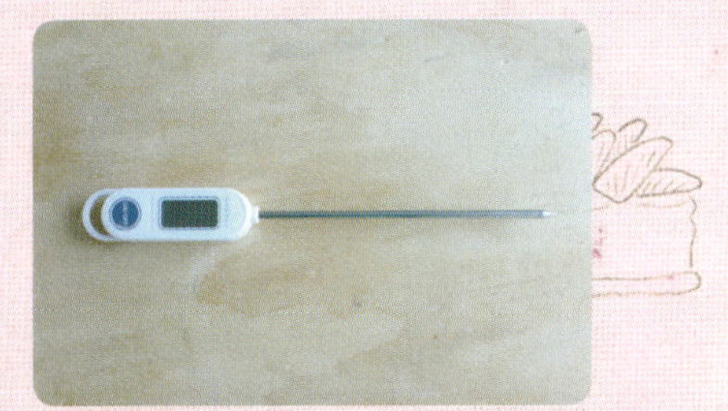

오븐

베이킹에 가장 중요한 도구로, 가스오븐과 전기오븐이 있다. 가정에선 가스오븐을 많이 쓰지만 전기오븐이 더 저렴하며 크기가 작아 적은 양으로 굽는 케이크나 쿠키를 만들기에 적당하다. 밑에서 열이 나오는 자연대류식은 더운 공기가 위로 가기 때문에 맨 위의 온도가 가장 높다. 골고루 열을 받는 가운데에 재료를 넣는 것이 좋다. 여러 곳에서 열이 나와 열선이 작동하는 강제순환식은 오븐전체의 온도가 균일한 편으로, 쿠키나 케이크를 고루 익혀주며 온도나 시간 조절을 쉽게 할 수 있어서 초보자들도 사용하기 편리하다.

믹싱 볼

제일 많이 쓰는 도구이기도 하다. 반죽을 만들고 섞을 때, 버터를 크림화할 때, 생크림이나 흰자를 거품낼 때 사용하고 재질은 전자레인지에 넣어도 되는 내열유리 제품도 있지만 뜨겁게 데우거나 차갑게 식힐 때는 열전도율이 좋은 스테인리스가 유리제품에 비해 견고하고 가벼워서 쓰기에 편리하다. 깊이가 있고 큼지막한 것부터 작은 것까지 크기별로 구비하면 좋다.

거품기

크기가 다른 여러 종류가 있지만 날이 여러 개이고 둥근모양이며 쥐었을 때 편리한 것으로 사용한다. 흰자나 생크림의 거품을 낼 때는 크기가 크고 날이 여러 개인 것이 좋지만 반죽이나 재료를 섞는 용도로 사용할 때는 날의 수가 적은 것을 사용한다.

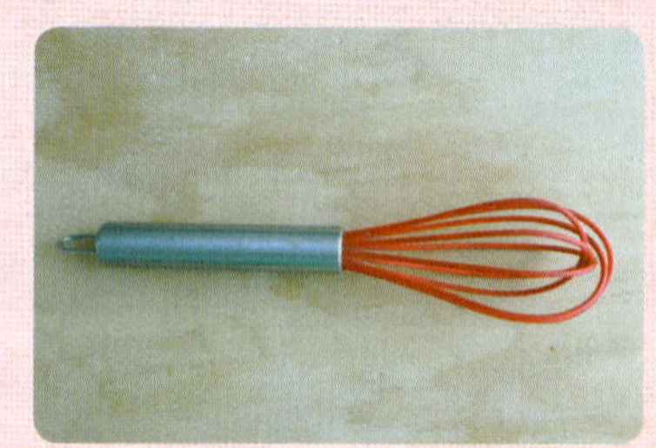

주걱

가루와 재료를 섞을 때나 그릇에서 긁어 낼 때 필요하다. 반죽을 섞을 땐 단단한 재질을 사용하고 볼의 반죽을 정리할 땐 실리콘 재질의 알뜰주걱을 사용한다. 내열성이 있는 실리콘재질로 된 알뜰주걱을 구입하는 것이 볼에 긁힐 염려가 없어 실용적이다.

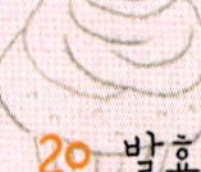

스크레이퍼

빵 반죽을 여러 덩이로 나누거나 파이나 타르트지 반죽을 만드는 과정에서
버터를 잘게 자르듯이 조각내며 밀가루와 섞을 때 사용한다. 쿠키를 쿠키
커터로 커팅해서 오븐 팬에 옮길 때도 사용한다. 혹은 반죽 위를 평평하게
해야 할 때도 필요하다.

스패츌러

컵케이크나 케이크에 크림을 바를 때, 무스케이크 윗면을 매끄럽게 정리
할 때, 케이크를 옮길 때 쓴다. 날 부분이 긴 것이 사용하기 편리하며 팔레
트 나이프라고도 불린다. 찌그러지기 쉬운 케이크를 틀에서 빼내거나 바
닥이 깊은 철판이나 틀에 반죽을 담고 윗면을 반듯하게 고를 때 사용한다.

밀대

파이 쿠키 반죽을 평평하게 밀거나 늘려주거나 할 때 사용하며 타르트지의
윗부분을 고르게 정리할 때도 쓴다. 재질은 나무로 된 것도 있으며 지름이
3cm~5cm 정도가 사용하기 편리하다. 길이와 지름이 다양하므로 용도에
맞는 것으로 골라 사용한다.

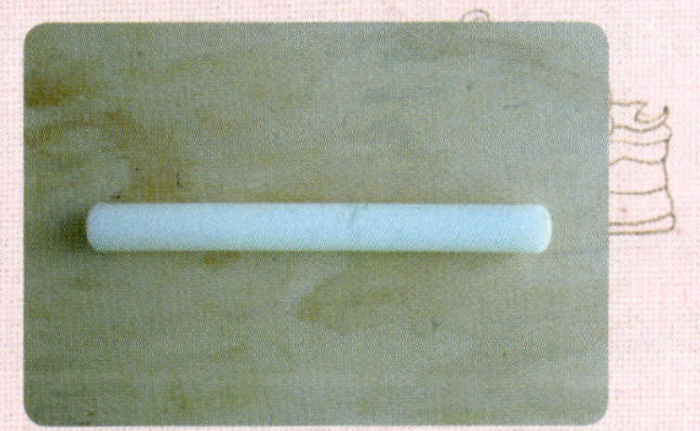

붓

케이크에 달걀 물이나 시럽, 살구잼 등을 바를 때 사용한다. 쿠키 팬이나
케이크 틀에 버터를 바를 때도 사용하면 편리하다. 너무 크지 않은 적당한
것을 골라 사용한다. 실리콘 재질의 붓은 털이 빠질 염려가 없다.

유산지

유산지를 깔면 케이크가 틀에 달라붙지 않고 쿠키의 색이 빨리 나지 않게
된다. 오븐 팬이나 틀에 맞게 자르고 깔아서 반죽을 부어 구울 때나 쿠키를
구울 때 사용한다. 요즘은 컬러나 글씨가 쓰인 다양한 디자인들의 유산지
들이 많이 나와 있다. 일회용 유산지 대신 실리콘페이퍼를 깔아 쿠키를 구
우면 바닥에 들러붙지 않으며 세척하여 다시 쓸 수 있다.

스텐실본

맛있게 구워진 케이크 위에 별다른 장식 없이 코코아가루나 슈거파우더를
뿌려서 장식할 수 있다. 스텐실본을 케이크 위에 대고 가루를 솔솔 뿌리면
원하는 모양이 쉽게 나타난다. 글씨나 그림, 생일 축하 메시지를 케이크에
표현할 수 있다.

쿠키 커터

여러 가지 모양의 쿠키를 만들 수 있는 커팅 도구이다. 반죽을 밀어서 쿠키
커터로 찍는다. 재질은 스테인리스나 알루미늄, 플라스틱 등이 있으며 아
이들이 좋아하는 동물모양이나 꽃, 장난감, 진저맨 모양 등이 있다.

마지팬 도구

케이크를 장식하거나 꽃, 나뭇잎 모델링을 할 때 쓰며 특히 슈거케이크를
만들 때 필요한 도구이다.

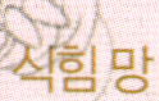
식힘 망

완성된 쿠키, 파이, 스펀지시트, 케이크를 올려두면 눅눅해지지 않고 바닥까지 잘 식는다. 어느 정도 높이가 있는 식힘 망이 사용하기에는 좋다. 원형과 사각모양이 있다. 완성품이 다 구워지면 특별한 경우 외에는 오븐에서 꺼내자마자 빨리 식히는 것이 맛을 좋게 한다.

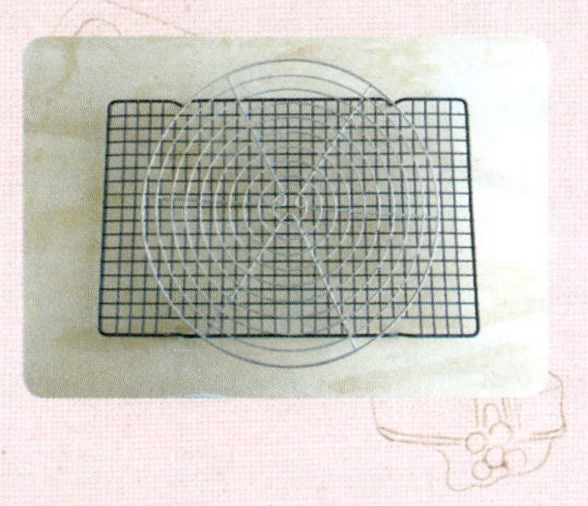

오븐 팬

쿠키나 케이크를 구울 때 팬에 그대로 올려서 굽기도 하는데 바닥에 요철이 있는 것보다 매끈한 것이 사용하기 좋다. 두 개 정도 가지고 있으면 사용할 때 편리하다. 코팅이 잘되어 있는 것을 구입하면 유산지를 깔지 않아도 된다.

케이크 틀

크기와 높이가 다른 원형과 사각 파운드 틀이 있으며 케이크 종류에 따라 다양한 모양을 골라서 쓴다. 실리콘 소재의 틀은 따로 유산지를 깔거나 버터나 오일을 바르지 않아도 된다. 가정에서는 보통 2호 18cm 크기를 많이 쓰며 원형은 지름에 따라 1호 15cm, 2호 18cm, 3호 21cm, 4호 24cm로 구분한다.

무스 틀

바닥이 막혀 있지 않아 케이크를 뺄 때 편리하다. 굽지 않고 냉장고에 넣어 굳히는 케이크를 만들 때 쓰인다. 원형 사각 등의 모양이 있고 높낮이도 다양하다. 아이스크림이나 무스케이크, 생초콜릿을 만들 때 사용하기 편리하다.

머핀 틀

디자인이나 그림이 예쁘고 크기도 다양해서 용도와 크기에 따라 사용한다. 머핀 틀에 깔 수 있는 유산지 컵이 있고 바로 반죽을 부어 사용할 수 있는 것도 있다. 주로 흰색의 유산지 머핀 컵을 많이 사용하고 위에 프로스팅으로 모양을 내서 사용한다. 바닥 면적의 크기에 따라 머핀을 구웠을 때 모양이 달라진다.

시폰 틀

시폰이나 마블케이크 같이 높이가 높은 케이크를 구울 때 사용하는 틀로 가운데에 구멍이 있기 때문에 불이 안쪽으로도 들어가 반죽이 고르게 잘 구워진다. 사용할 때 시폰 틀에 물을 뿌리고 반죽을 넣어서 굽는다. 몸체와 바닥이 분리되어 있어서 케이크를 쉽게 꺼낼 수 있다.

파이와 타르트 틀

납작한 모양으로 파이지를 구울 때 사용한다. 파이 틀은 케이크 틀에 비해 속이 깊지 않고 넓게 벌어진 모양들로 만들어져 있다. 바닥에 요철이 있고 지름이 아주 작은 것부터 있다. 반죽을 틀에 넣고 밀대로 윗면을 밀면 깔끔하게 정리가 된다.

다양한 틀

피낭시에 틀은 금궤모양이며 마들렌 틀은 조개모양의 빵이나 쿠키를 구울 때 쓴다. 하트 모양의 틀은 밸런타인데이와 같은 선물용 케이크를 만들 때 좋다. 바통 틀은 길게 굽는 쿠키모양을 구울 때 쓴다.

# 베이킹 준비

재료 준비와 필요한 도구 챙겨놓기

베이킹을 시작하기 전에는 반드시 필요한 재료와 도구를 체크한다. 먼저, 재료의 경우 그 신선도가 결과물의 맛과 풍미에 중요한 역할을 하므로 유통기한을 잘 살펴보고 신선한 재료들로 준비한다. 값싼 마가린이나 쇼트닝 대신 버터를 쓰도록 하고, 식용유 대신 유기농 카놀라유를 쓰도록 한다. 또 다소 경제적으로 부담이 가지만 가장 많이 쓰는 밀가루와 설탕은 유기농 제품을 사용할 것을 권한다. 밀가루 대신 쌀가루를 쓰는 것도 한 방법이긴 한데 글루텐이 부족하여 결과물이 거칠게 나올 수 있으니 글루텐이 포함된 쌀가루를 구입해서 쓴다. 필요한 재료는 레시피대로 손질하고 계량해 놓는다.

베이킹 작업이 순조롭게 진행되기 위해서는 한눈에 볼 수 있도록 필요한 도구들을 준비해 놓고 사용하는 것이 좋다. 작업 도중에 필요한 것을 찾다 보면 시간차가 생겨서 과정이 신속히 진행되지 않아 반죽에 거품이 가라앉는 등 완성품을 만드는 데 어려움이 따를 수 있다.

오븐 예열하기

쿠키나 빵, 케이크는 반드시 오븐을 예열시켜 구워야 한다. 그래야 형태가 고정되면서 부드럽고 바삭한 제 맛을 낼 수 있다. 오븐 내의 온도는 점화를 한 후 서서히 설정 온도까지 올라가게 되어 있어 그 사이에 반죽을 오븐에 넣으면 어중간한 온도 때문에 반죽이 녹아버린다. 오븐에 따라 차이가 있지만 보통 예열 시간은 5분~10분 정도가 필요하므로 각 레시피에 맞는 온도로 예열해 놓았다가 반죽을 완성해서 바로 넣어 구워내는 것이 중요하다. 정해진 레시피에 따라 굽더라도 중간에 확인은 해야 한다. 단, 오븐은 굽는 시간의 3분의 2 정도가 경과하고 나서 열도록 한다. 미리 열면 제대로 부풀지 않거나 부푼 상태가 좋지 않다.

오븐에 굽는 시간 조절하기

오븐의 종류에 따라 온도가 약간씩 차이가 난다. 따라서 가정의 오븐 특성을 파악해야 하는데, 두세 번 구워보면 그 특성을 알 수 있다. 몇 번 구워볼 때 레시피대로 구웠는데도 색이 덜 났으면 다음부터는 제시된 레시피 시간보다 조금 더 여유 있게 굽도록 하고, 반대의 경우에는 시간을 조금 단축하면 된다.

가루재료 체에 내리기

박력분 등과 같은 가루재료는 2~3번 정도 미리 체를 쳐 놓는 것이 좋다. 가루재료를 체에 내리면 뭉친 것을 골라내고 가루에 공기를 넣어 케이크를 부드럽게 하는 효과가 있다. 베이킹의 기본 재료인 밀가루나 베이킹파우더는 꼭 체에 내려둔다. 이 과정은 자칫 그냥 지나칠 수 있는데, 다른 재료들과 잘 섞이고 부풀어 볼륨감이 좋아지는 효과가 있으니 소홀히 하지 않도록 주의한다. 특히 베이킹파우더는 한곳에 뭉치지 않도록 밀가루와 함께 체를 치는데 가루가 재료 전체에 골고루 분산이 되도록 하여 반죽이 잘 부풀도록 한다.

버터 크림화하기

말랑한 버터를 거품기로 저어 공기를 넣어준 다음 설탕을 섞으면 크림색이 나면서 부드럽게 되는데, 이것을 '크림화'라고 한다. 초보자들이 힘들어 하는 것 중 하나가 버터를 크림화하는 것인데, 실패하는 주된 이유 중 하나가 차가운 버터를 무리하게 사용하려고 하기 때문이다. 버터는 베이킹을 시작하기 1시간 전 정도부터 실온에 꺼내두어 부드러운 상태로 만들어야 한다. 차가운 상태의 버터는 다른 재료와 잘 섞이지 않기 때문이다. 만약 미처 버터를 미리 꺼내두지 못해서 차가운 상태라면 잠깐 전자레인지에 넣어 녹지 않을 정도로 부드럽게 한다. 말랑해진 버터를 볼에 넣고 거품기로 살짝 푼 다음 다른 재료들을 섞는다. 버터에 넣는 다른 재료들 또한 너무 차갑지 않도록 해야 한다. 온도차가 있으면 재료들이 분리되고 반죽이 잘 섞이지 않기 때문이다.

중탕으로 굽기

치즈케이크가 촉촉하게 구워질 수 있도록 팬에 물을 붓고 굽는 것을 말한다. 반죽틀을 따뜻한 물이 담긴 더 큰 팬 안에 올리고 오븐 안에 넣어 구워주는 과정으로, 이때 물이 반죽틀에 들어가지 않도록 조심한다. 치즈케이크는 철판에 물을 붓고 너무 높지 않은 160도로 예열한 오븐에서 약 1시간 정도 찌듯이 중탕으로 굽는다.

유산지 없이 굽기

틀에 붓이나 손으로 기름을 얇게 바르고 밀가루를 체로 뿌려서 남은 가루를 털어내고 반죽을 넣어 구우면 구웠을 때 잘 떨어진다.

베이킹 기초

머랭 만들기

거품을 풍성하게 올리는 과정을 휘핑한다고 한다. 치즈케이크나 무스케이크에는 80% 정도로 약간 묽게 해서 요거트 같은 농도로 쓰고 케이크에 바를 땐 최대로 거품을 내서 거품이 주걱에서 떨어지지 않게 한다. 과도하게 거품을 내면 분리될 수도 있으니 단단해지면 거품 내기를 멈춘다. 거품을 낼 때는 처음엔 저속으로 거품을 내다가 설탕을 넣고 고속으로 돌린다. 처음에는 전혀 거품이 생길 것 같지 않지만 시간이 지나면 조금씩 걸쭉해지면서 거품이 생긴다.

 **재료**

달걀흰자
설탕(분량은 케이크 종류에 맞게
준비)

1 물기 없는 볼에 달걀흰자를 넣고 저속으로 거품을 낸다.

2 거품이 올라오기 시작하면 설탕을 2~3회 나누어 넣으며 고속으로 거품을 올린다.

3 뿔이 뾰쪽하게 서면 거품 내기를 멈춘다.

차가운 상태로 얼음물을 받치고 휘핑하는 것이 좋으며 따뜻하게 중탕으로 휘핑한다. 생크림을 거품 내어 색을 넣을 때는 과일 퓨레나 윌튼 식용 색소를 넣는다. 달걀흰자를 사용하는 머랭을 만들 때의 원리와 같다.

타르트지 만들기

재료

*재료의 양은 타르트 크기에 따라
 달라짐
버터 60g
중력분 100g
슈거파우더 20g(설탕을 넣어도 되
지만 바삭함을 더하기 위해 슈거파
우더를 쓴다)
찬물 5~10g

1 실온의 버터를 풀어서 체에 내린 슈거파우더와 중력분을 넣고 섞는다.

타르트지를 만들 때는 버터가 녹으면 반죽과 분리되므로 버터가 녹지 않게 작업환경을 차갑게 재빠르게 한다.

2 한 덩어리로 뭉쳐 반드시 1시간 정도 냉장고에 넣어 숙성시킨다.

글루텐이 형성되면 바삭한 맛이 없어지므로 글루텐이 형성되지 않도록 손으로 가볍게 뭉친다.

3 강력분을 덧밀가루로 써서 3~5mm 두께로 밀대로 민다.

4 타르트 팬에 반죽을 얹어 반죽이 틀에 넉넉히 들어가도록 한다.

5 남은 반죽은 밀대로 굴려 잘라내고 부풀지 않도록 포크로 찍어준 다음 170℃의 오븐에서 10분 정도 굽는다.

재료를 섞을 때 푸드 프로세서를 이용하면 쉽게 반죽할 수 있다. 먼저 푸드 프로세서에 체에 내린 가루와 자른 버터를 넣고 짧게 여러 번 돌리고, 물을 넣고 다시 돌려 작은 알갱이의 소보로 형태가 되면 꺼내 한 덩어리로 만든다. 그리고 비닐에 싸서 냉장고에 1시간 정도 두었다가 밀어서 틀에 넣어 굽는다.

· 설탕을 넣지 않은 타르트 건강 레시피
1. 통밀 65g 중력분 50g 소금 1/8작은술 카놀라유 25g 두유 45g
2. 통밀 20g 오트밀 50g 호두 30g 조청 25g 두유 15g 소금 약간
(오트밀이나 호두를 넣을 땐 먼저 푸드 프로세서에서 이것들을 먼저 간 다음 다른 재료과 섞어서 반죽을 한다.)

케이크 시트 만들기(카스텔라 만들기와 과정이 같다)

재료

*재료의 양은 케이크 크기에 따라
  달라짐
중력분 100g
달걀 2개
설탕 50g
우유 15g
카놀라유 15g
꿀 25g
레몬즙 10g

1 달걀을 볼에 풀고 설탕을 넣어 섞은 다음 아래에 뜨거운 물을 받쳐 약 40도 정도로 중탕한다.

2 따뜻해진 달걀을 핸드믹서로 풀어 거품을 낸다.

3 체에 내린 중력분을 2에 넣고 주걱으로 섞는다.

4 중탕한 우유와 카놀라유에 꿀과 레몬즙을 섞고 3에 넣어 살살 섞는다.

5 케이크 틀에 4를 70% 정도 넣고 작업대에 살짝 내리쳐 공기를 없앤다.

6 예열된 오븐에서 160℃로 40분 정도 굽고 난 후 바로 틀에서 뺀다.

아이싱하기

케이크나 쿠키 위에 짤주머니로 짜서 다양한 모양을 내는 것을 아이싱이라고 한다. 아이싱은 로얄 아이싱이라고도 하는데 예전에 왕실에서 만드는 케이크에 쓰였다고 해서 지어진 이름이라고 한다. 이것으로 케이크를 장식하면 고급스럽고 우아해 보이며 주로 레터링이나 케이크 밑단에 구슬 짜기, 쉘 모양 등으로 사용한다.

재료

슈거파우더 100g
달걀흰자 반개
레몬즙 조금
윌튼 조금

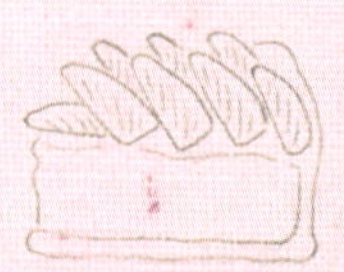

1 슈거파우더를 체로 치고 달걀흰자로 농도를 맞춘다. 그리고 레몬즙을 조금 넣어 반죽한다.

2 적당한 농도가 되도록 반죽을 섞어준다. 쿠키 윗면을 채울 때는 묽게, 구슬짜기나 레터링을 할 때는 주걱에 달라붙어 있는 정도의 농도가 좋다.

3 반죽을 짤주머니에 넣는다.

4 짤주머니에 넣어서 사용할 때 농도가 묽으면 슈거파우더를, 되면 레몬즙으로 조절해서 사용한다.

5 쿠키의 아웃라인에 그림을 그린다. 가운데를 채울 때 레몬즙을 약간 더 넣고 조금 묽게 하면 쉽게 채워진다.

6 아이싱을 한 후에는 마를 때까지 자리를 옮기지 않는 것이 중요하다.

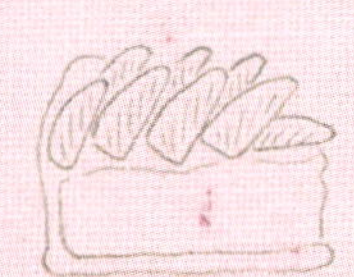

part 1

건강 베이킹

건강을 생각하는 베이킹에서 가장 조심해야 할 것은 정제된 설탕이나 소금, 백밀가루, 많은 양의 버터이다. 하지만 여기에 소개된 케이크들은 완전한 채식은 아니다. 통밀이나 두부, 두유 등을 넣고 만들기도 하지만 때에 따라 달걀을 넣기도 한다. 건강케이크라고 해서 신선한 달걀이나 질이 좋은 유제품을 굳이 멀리할 필요는 없다고 생각하기 때문이다. 건강베이킹은 맛이 없다는 선입견도 있다. 하지만 레시피에 채소나 과일의 양을 적절히 넣으면 부드럽고 촉촉한 건강케이크들을 얼마든지 맛있게 만들 수 있다. 달콤함은 설탕 대신 아가베 시럽이나 메이플 시럽, 조청을 사용한다. 이곳에서 소개하는 건강베이킹은 만드는 과정이 복잡하지 않고 버터가 볼에 달라붙는 번거로움이 없어 시간과 만드는 노력이 절약되며 특히 설거지가 간단하다.

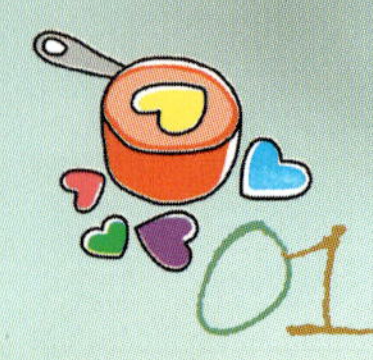

01 김치 키슈 브런치

□ 175℃ □ 25분

키슈(Quiche)는 프랑스식 파이로, 파트 브리제(담백한 파이 크러스트)에 고기, 달걀, 양파, 크림 등의 필링을 넣어 오븐에 구워 먹는다. 파트 브리제는 단맛이 적은 파이크러스트나 타르트 반죽을 사용하면 된다. 채소나 과일을 듬뿍 넣고 만들어 건강을 생각한 특별한 간식이나 브런치로 활용해보자.

도구

15cm 타르트 틀 2개

재료

❶ 타르트지

통밀 65g
중력분 50g
소금 ⅛작은술
카놀라유 25g
두유 45g

❷ 필링

두부 100g
단호박 20g
중력분 5g
카놀라유 7g
감자 25g
김치 15g
올리브오일 5g

❸ 토핑

장식용 파프리카 조금

준비

1. 감자는 채 썰고 파프리카는 잘게 썬다.
2. 김치는 잘게 잘라서 물기를 꼭 짠 다음 올리브 오일에 살짝 볶는다.

1 타르트지 굽기

타르트는 한 덩어리로 반죽을 해서 포크로 구멍을 내 틀에 넣어 구워 놓는다.

2 재료 갈기

두부는 키친타월에 올려서 물기를 뺀 다음 단호박과 중력분, 카놀라유를 넣고 곱게 간다.

3 속재료 넣기

1에 썰어 놓은 감자와 김치를 넣는다.

4 굽기

3에 2를 붓고 파프리카를 올려 175℃의 오븐에서 25분 정도 굽는다.

02 두부 야채 키슈 브런치

두부와 고구마를 주재료로 필링을 만들었다. 재료의 조합이 전혀 느끼하지 않고 우리의 입맛에 잘 맞는다. 바삭한 타르트와 건강한 필링의 조화가 색다르다. 고구마는 살짝 익혀서 적당한 크기로 잘라 넣어도 된다.

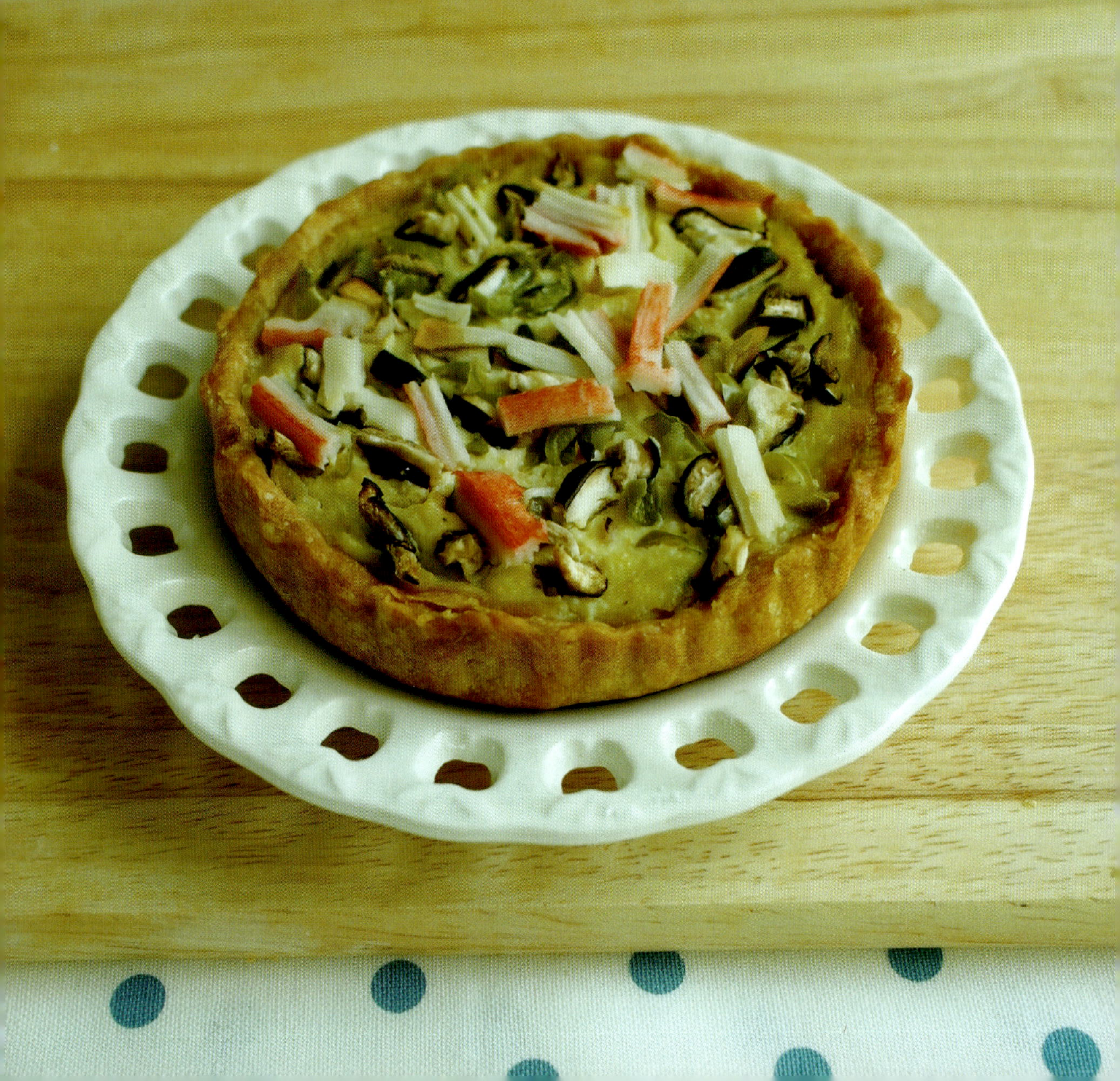

도구

15cm 타르트 틀 2개

재료

❶ 타르트 반죽

통밀 65g

중력분 50g

소금 ⅛작은술

카놀라유 25g

두유 45g

❷ 필링

두부 200g

고구마 50g

맛살/표고버섯/고추 30g씩

카놀라유 20g

중력분 15g

❸ 토핑

위에 올릴 장식용 속 재료 적당히

준비

1. 고구마는 삶아서 으깬다.
2. 맛살은 적당한 크기로 자르고 고추, 표고버섯은 잘게 잘라 놓는다.

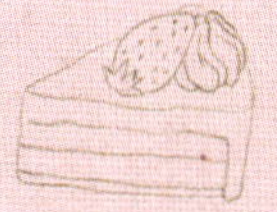

1 타르트지 굽기

타르트 재료는 한 덩어리로 반죽을 해서 포크로 구멍을 내 틀에 넣어 구워 놓는다.

2 필링 반죽 섞기

두부의 물기를 뺀 다음 고구마, 중력분, 카놀라유를 넣고 곱게 간다.

3 타르트에 재료 넣기

1에 맛살, 표고버섯, 고추를 넣는다.

4 반죽 넣기

3에 2를 넣고 위에 다시 속재료를 올린다.

5 굽기

175℃의 오븐에서 25분 정도 굽는다.

블루베리 두부 스콘

스콘은 속을 넣지 않고 구운 영국의 전통 빵으로, 맛이 담백하여 잼 · 크림 · 버터 · 레몬 커드 등을 발라 먹으며 보통 티타임에 홍차와 함께 낸다. 베이글과 같은 식감의 블루베리 두부 스콘은 만들기도 간단하며 자연재료를 넣어 몸에 부담이 적고 두부를 넣어 소화 또한 잘된다.

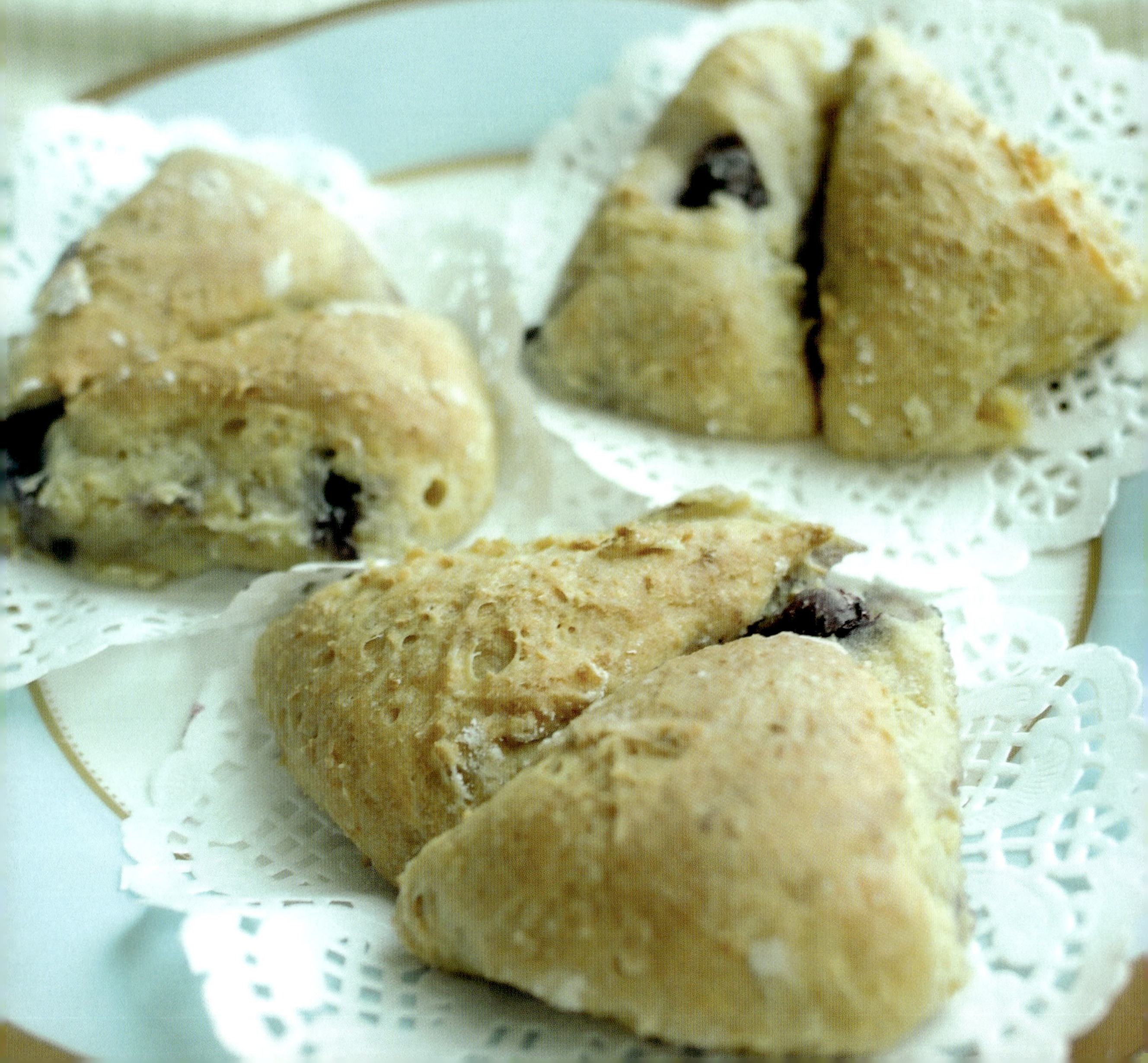

도구

오븐팬 1개(칼로 잘라서 넣게 됨)

재료

통밀가루 60g
박력분 40g
베이킹파우더 7g

두부 130g
카놀라유 30g
조청 50g
소금 ¼작은술
블루베리 생과 50g

준비

1. 가루재료는 체에 내린다.
2. 오븐은 180℃로 예열(5~10분)
   한다.

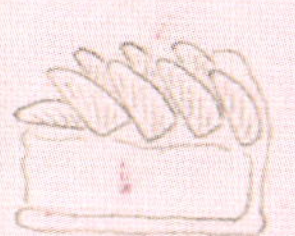

1 두부 갈기
두부와 카놀라유, 조청, 소금을
믹서에 넣고 곱게 간다.

2 가루 섞기
1에 체에 쳐 놓은 가루재료와
블루베리를 넣고 가루가 살짝 보일
정도로만 섞는다.

3 자르고 굽기
반죽을 동그랗게 만들어 칼로
자르고 180℃에서 30분간 겉을 바삭
하게 구워 식힌다.

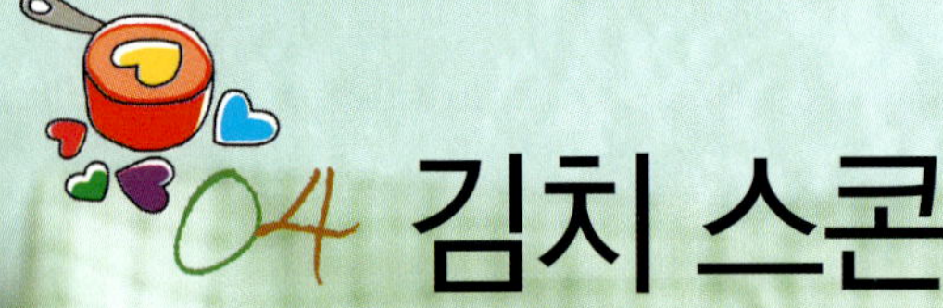

04 김치 스콘

☐ 175℃ ☐ 30분

우리의 김치는 그 응용 범위가 너무도 넓으며 세계 어느 나라 어느 음식과도 잘 어울린다. 스콘에 김치와 함께 파프리카를 넣으면 촉촉하며 자연스런 달콤함을 더하게 된다. 김치의 양념을 그대로 넣으므로 따로 소금을 첨가하지 않아도 된다.

도구

오븐팬 1개(칼로 잘라서 넣게 됨)

재료

통밀 80g
박력분 70g
베이킹파우더 5g
카레가루 5g

카놀라유 15g
조청 30g
아가베 시럽 20g
건포도 20g
파프리카 30g
김치 40g

준비

1. 가루재료는 체에 두 번 내린다.
2. 오븐은 175℃로 예열(5~10분)
   한다.
3. 파프리카는 잘게 썰고 김치는
   썰어 짜 놓는다.

1 재료 섞기

카놀라유와 조청, 아가베 시럽을 섞고 건포도, 파프리카와 김치를 넣는다.

2 가루 섞기

1에 가루재료를 넣고 흰 가루가 보일 정도로 섞는다.

3 잘라서 굽기

반죽은 칼로 삼각형으로 자르고 175℃ 오븐에서 30분 정도 겉을 바삭하게 굽는다.

단호박 스콘

□ 175℃ □ 30분

잘 익은 단호박은 단맛이 강하고 색 또한 예쁘다. 단호박의 당분은 소화흡수가 잘 되며 몸에 좋은 여러 가지 비타민을 많이 함유하고 있어 당뇨나 비만에 좋다고 알려져 있다. 단호박을 듬뿍 넣고 만든 스콘은 간식으로도 좋지만 식사로도 든든하다. 호박 껍질에는 카로틴이 많으므로 깨끗이 씻어 전체를 활용한다.

오븐팬 1개(칼로 잘라서 넣게 됨)

박력분 130g
베이킹파우더 7g

단호박 으깬 것 80g
카놀라유 20g
조청 20g
아가베 시럽 15g
소금 ¼작은술
건포도 20g
계피가루 조금
장식용 호박 50g

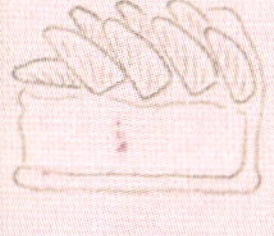

1. 가루재료는 체에 두 번 내린다.
2. 오븐은 175℃로 예열(5~10분) 한다.
3. 오븐팬에 유산지를 깐다.

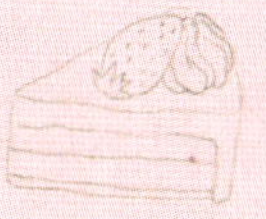

1 단호박 준비하기

단호박의 씨를 빼고 찐 후 장식용으로 쓸 적당한 분량을 떼어두고 나머지는 으깬다.

2 재료 섞기

볼에 으깬 단호박과 카놀라유, 조청, 아가베 시럽, 소금, 건포도, 계피가루를 넣고 고루 섞는다.

3 가루재료 섞기

2에 체에 내린 가루를 넣고 흰 가루가 살짝 보일 정도로 섞어 한 덩어리로 만든다.

4 반죽 자르고 호박 올리기

반죽을 칼로 잘라 위에 호박을 장식으로 올린다.

5 굽기

175℃의 오븐에서 30분 정도 겉이 바삭하게 굽는다.

06 루이보스 홍차 스콘

찻잔에 빨갛게 우러나는 루이보스 홍차는 피부에 좋다고 한다. 고산지역에만 자라는 자연식물인 루이보스 홍차 티백 하나를 케이크에 고스란히 넣고 구웠다. 먹으면 얼굴이 말갛고 투명해질 것만 같은 여성들에게 어울리는 스콘이다.

도구

오븐팬(칼로 잘라서 넣게 됨)

재료

통밀 50g
박력분 50g
베이킹파우더 5g

두부 ½모
카놀라유 20g
소금 ¼작은술
조청 40g
크랜베리 50g
루이보스 티백 1개

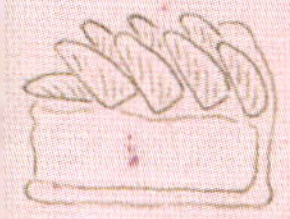

준비

1. 가루재료는 체에 두 번 내린다.
2. 오븐은 175℃로 예열(5~10분)
   한다.

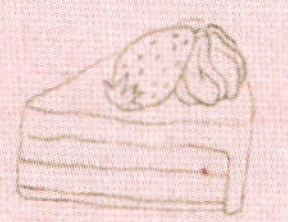

1 재료 섞기

두부, 카놀라유, 소금, 조청을
섞는다.

2 재료 갈아 놓기

1을 곱게 갈아 놓는다.

3 반죽하기

2에 가루재료, 루이보스 홍차
티백을 잘라서 가루와 크랜베리를
섞어 반죽을 만든다.

4 잘라서 굽기

도마에 덧밀가루를 뿌리고 반
죽을 동그랗게 한 다음 칼로 잘라 오
븐팬에 넣고 175℃에서 30분 정도
굽는다.

> 섬유질이 많고 거친 느낌의
> 케이크를 원한다면 통밀의
> 비율을 높이고 부드러운 식
> 감의 케이크를 만들려면 박
> 력분의 비율을 높인다.

07 토마토 스콘

□ 180℃ □ 30분

토마토에 들어있는 리코펜은 피부와 노화예방에 좋으며 가열하면 흡수율이 8배나 높아진다. 통밀의 구수함과 토마토의 글루팜산이 굽는 동안 풍미를 더하는 건강 스콘이다. 케이크 한 조각에도 몸에 좋은 곡물이나 채소, 과일, 견과와 같은 재료를 다양하게 넣고 즐길 수 있다.

도구

17cm 원형 오븐팬

재료

통밀가루 90g
박력분 50g
베이킹파우더 5g

카놀라유 25g
조청 35g
소금 ¼작은술
토마토 70g 정도

준비

1. 가루재료는 체에 내린다.
2. 오븐은 180℃로 예열(5~10분)한다.
3. 토마토는 잘게 썰어 놓는다.

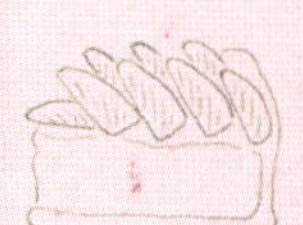

1 재료 섞기

카놀라유, 조청, 소금을 볼에 넣고 섞는다.

2 가루 섞기

1에 체에 내린 가루재료와 토마토를 넣고 가루가 살짝 보일 정도로 섞는다.

3 반죽하기

도마에 덧밀가루를 뿌리고 반죽을 한 덩어리로 만들어 칼로 자른다.

4 오븐에 굽기

오븐팬에 올려 180℃에서 30분간 겉이 바삭하게 구워 식힌다.

통밀 케이크

□ 175℃ □ 30분

통밀은 영양도 많고 건강에 좋아서 베이킹에 많이 활용하는데 식감은 약간 거칠지만 구울 때 통밀의 구수함 때문에 몸이 건강해질 것 같은 케이크이다. 케이크에 두부를 넣고 오일 없이 굽는다. 박력분과 통밀의 비율은 각자의 취향에 따라 조절해서 구울 수 있으며 설탕도 조청이나 아가베 시럽으로 대체하여 당도를 조절할 수 있다.

도구

15cm 원형 파운드 틀 1개

재료

박력분 80g
통밀 40g
베이킹파우더 4g
베이킹소다 1g

달걀 1개
설탕 80g
두부 60g
두유 130g
카놀라유 30g
소금 ¼작은술
건포도 100g
대추100g
럼주 20g
삶은 검은콩 조금

준비

1. 럼주에 건포도를 30분 정도 재
   우고 대추는 씨를 뺀다.
2. 가루재료는 체에 두 번 내린다.
3. 오븐은 175℃로 예열(5~10분)
   한다.
4. 파운드 틀에 유산지를 깐다.

1 달걀과 설탕 섞기
달걀을 풀어서 설탕을 넣고 고
루 섞는다.

2 두부 갈기
두부와 두유를 믹서에 넣고 곱
게 갈아서 1에 섞는다.

3 반죽하기
2에 가루재료와 카놀라유, 소
금, 건포도, 대추, 검은콩을 넣고 가
루가 보이지 않게 고루 섞는다.

4 틀에 반죽 넣기
파운드 틀에 반죽을 넣고
175℃의 오븐에서 30분 정도 굽
는다.

복숭아 케이크

□ 175℃ □ 30분

재미있는 옛이야기에도 많이 나오는 복숭아는 백년을 산다는 신약이라는 말도 있듯이 맛도 있지만 몸에 좋은 과일 중의 하나이다. 유기산이 많고 과육이 부드러우며 향이 일품이다. 케이크에 넣을 때는 복숭아의 수분을 적절히 활용한다. 천도복숭아는 색 또한 예뻐서 위에 장식을 하거나 다져서 반죽에 넣으면 눈이 즐겁다.

도구

15cm 원형(사각)틀 1개

재료

통밀 40g
박력분 50g
아몬드파우더 10g
베이킹파우더 5g

카놀라유 30g
두유 15g
소금 ⅛작은술
아가베 시럽 30g
잘게 자른 복숭아 50g
장식용 복숭아 40g
살구잼 조금

준비

1. 가루재료는 체에 두 번 내린다.
2. 오븐은 180℃로 예열(5~10분) 한다.
3. 반죽에 넣을 복숭아는 잘게 자르고 장식용은 반원이나 둥근 모양으로 자른다.

1 재료 섞기
볼에 자른 복숭아와 카놀라유, 두유, 소금, 아가베 시럽을 넣고 섞는다.

2 가루 섞기
1에 체에 내린 가루를 넣고 섞는다.

3 틀에 넣기
반죽을 틀에 넣는다.

4 굽기
자른 복숭아를 올리고 175℃의 오븐에서 30분 정도 구운 다음 위쪽에 살구잼을 발라준다.

> 살구잼을 바를 때 잼에 청주나 물을 조금 섞으면 쉽게 발린다.

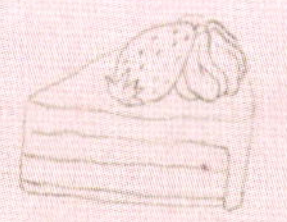

10 쌀가루 와플

부드럽고 고소한 와플을 원한다면 설탕 대신 조청을 넣고 두부로 만들면 어떨까. 이 레시피는 그야말로 건강한 레시피다. 쌀가루는 빻아서 냉동실에 넣어두었다가 필요할 때 덜어서 쓰면 편리하다.

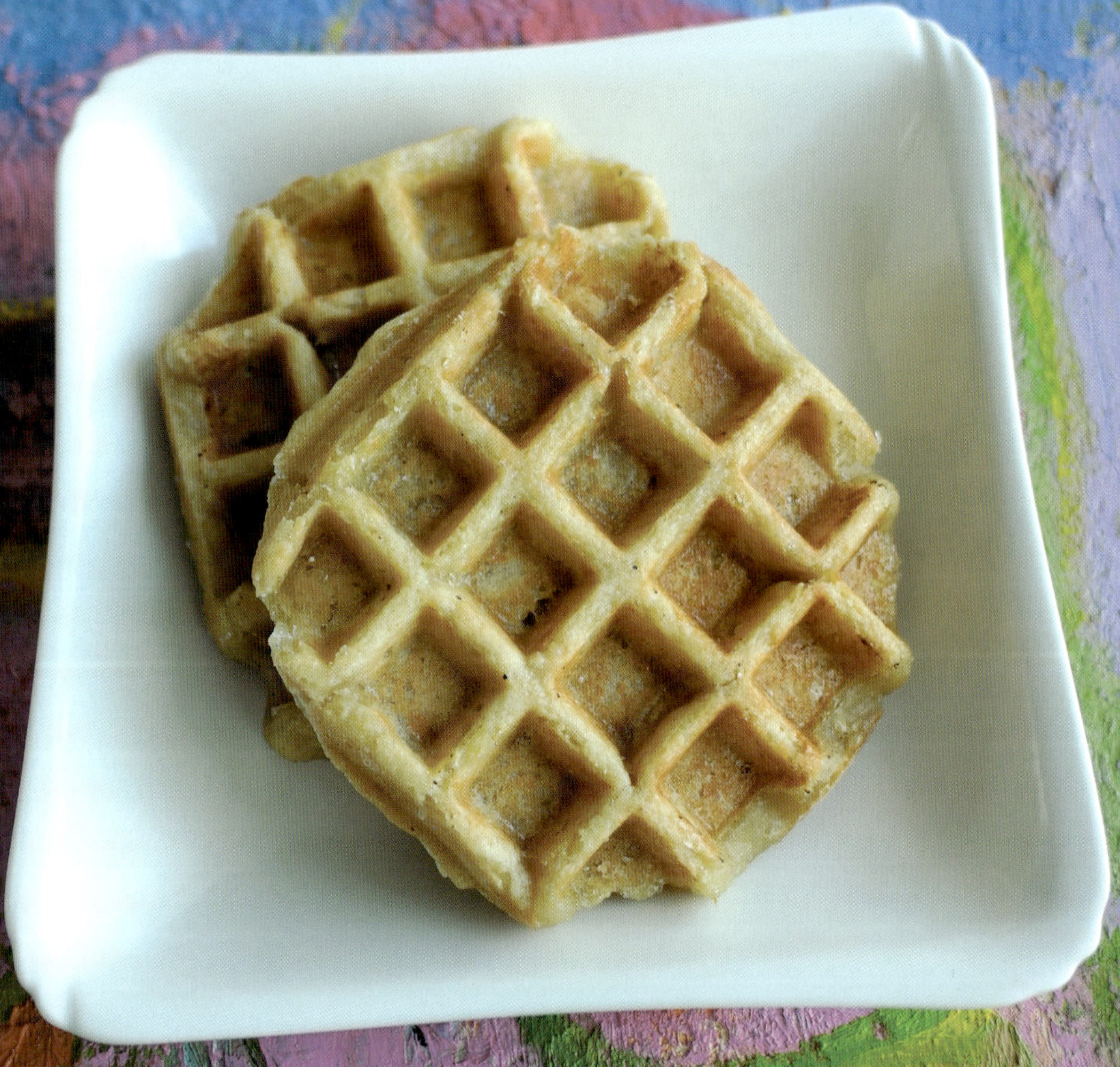

도구

와플 2개분 와플팬

재료

쌀가루 50g
통밀 50g

두부 반모
조청 45g
소금 ¼작은술
팬에 바를 카놀라유 조금

준비

1. 가루재료는 체에 내린다.
2. 와플팬에 붓으로 카놀라유를 발
라 놓는다.

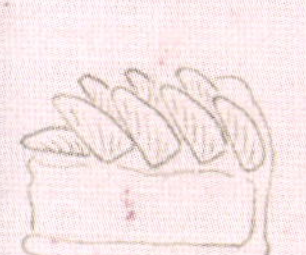

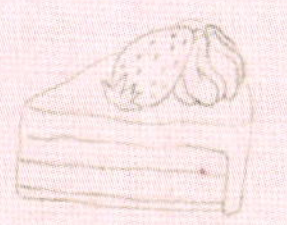

1 반죽하기
두부와 조청, 소금을 넣고 으깬
후 가루재료를 넣어 섞는다.

2 팬에 넣기
와플팬에 반죽을 적당히 넣
는다.

3 굽기
앞, 뒤로 팬을 뒤집어 바삭하
게 굽는다.

감자 와플

감자를 듬뿍 넣고 만든 와플이다. 겉은 바삭하며 속은 부드럽다. 밀가루로 만든 것보다 맛이 깔끔하고 소화도 잘 된다. 감자의 양을 조절해 넣어서 식감을 조금씩 달리 할 수 있다. 중불에서 앞, 뒤로 노릇하고 바삭하게 구워내는 것이 포인트이다.

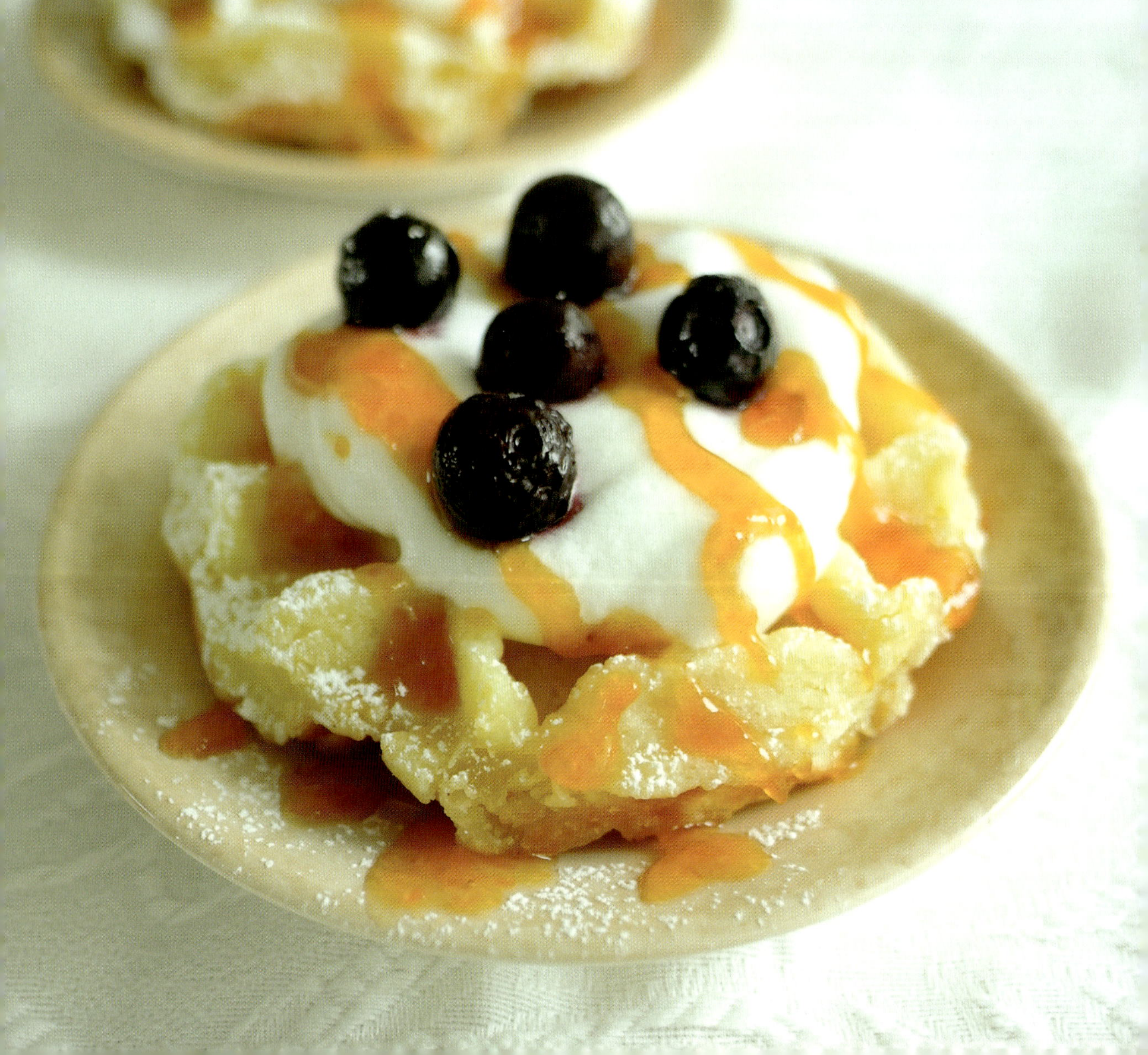

도구

와플 2개분 와플팬

재료

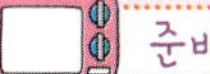
중력분 100g
베이킹파우더 1g
감자 200g

버터 60g
설탕 50g
달걀 ½개
소금 ¼작은술
팬에 바를 카놀라유 조금

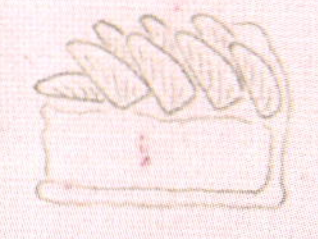
준비

1. 감자는 삶아서 뜨거울 때 으깬다.
2. 가루재료는 체에 내린다.
3. 와플팬에 붓으로 카놀라유를 발라 놓는다.

1 버터 크림화하기

실온의 버터를 풀어 설탕을 넣고 고루 섞는다.

2 달걀 섞기

1에 달걀을 풀어 넣고 소금을 넣어 고루 섞는다.

3 반죽하기

2에 으깨 놓은 감자를 섞은 다음 가루를 섞는다.

4 와플팬에 굽기

와플팬에 반죽을 넣고 앞, 뒤로 3~5분 정도씩 중불에서 굽는다.

두부 치즈 케이크

크림치즈나 생크림 등이 들어간 레시피가 부담스러울 때 두부를 넣어 깔끔하고 레몬의 향긋함이 느껴지는 두부 치즈 케이크를 만들어보자. 레몬이 두부 냄새를 없애주고 꿀을 넣어 달콤한 맛을 내었다. 고소하고 부드러운 맛이 있으며 칼로리 걱정이 없는 자연식 치즈 케이크이다.

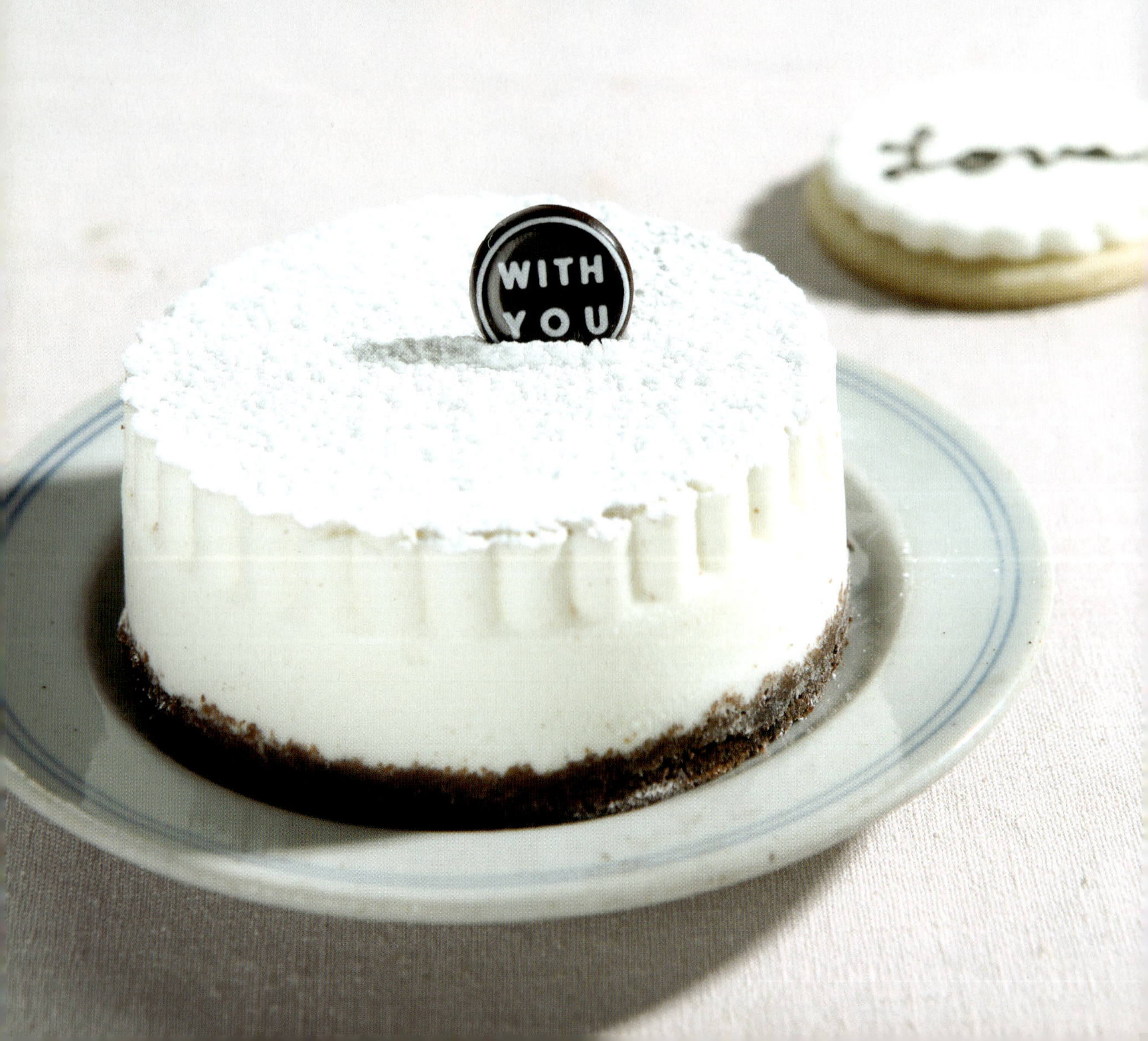

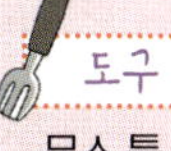

도구

무스 틀

재료

❶ 케이크 시트

중력분 100g

달걀 2개

설탕 50g

우유 15g

카놀라유 15g

꿀 25g

레몬즙 10g

❷ 케이크 무스

두부 200g

꿀 50g

레몬즙 20g

카놀라유 7g

바닐라 농축액 한두 방울

두유 50g

한천가루 2g

준비

1. 케이크 시트를 만든다. (P29 참조)
2. 한천가루는 두유에 섞어 10분 정
   도 녹인다.

1 두부 데치기

두부를 끓는 물에 넣어 살짝 데친다.

2 재료 섞기

꿀과 레몬즙, 카놀라유, 바닐라 농축액, 데친 두부를 믹서에 넣고 곱게 간다.

3 녹인 한천 섞기

2에 두유에 녹인 한천을 섞는다.

4 케이크 굳히기

케이크 시트를 무스 틀에 넣은 다음 3을 가득 붓고 냉장고에서 3시간 정도 굳힌다.

13 검은콩 케이크

□ 175℃ □ 35분

검은콩은 푹 삶아서 케이크에 넣으면 다른 재료들과도 잘 어울린다. 대추와 건포도를 넣어서 달콤하고, 검은콩의 고소하고 부드러운 맛도 함께 느낄 수 있다. 설탕 대신 아가베 시럽을 넣어 단맛을 냈으며 우리밀과 통밀을 섞어서 구수하다. 검은콩의 양을 늘려서 구워도 잘 구워진다.

22cm 파운드 틀 1개

우리밀 50g
통밀가루 50g
베이킹파우더 3g

달걀 2개
카놀라유 50g
두유 50g
아가베 시럽 20g
소금 ¼작은술
검은콩 100g

1. 가루재료는 두 번 체에 내린다.
2. 오븐은 175℃로 예열(5~10분)
   한다.
3. 파운드 틀에 유산지를 깐다.

1 검은콩 삶아서 준비하기

냄비에 검은콩을 넣어 콩의 3배 정도 물을 붓고 콩이 부드러워질 때까지 20분 정도 삶는다.

2 재료 섞기

달걀을 푼 다음 카놀라유, 두유와 아가베 시럽, 소금을 넣고 고루 섞는다.

3 반죽하기

2에 체로 두 번 내린 가루와 삶은 검은콩을 넣고 섞는다.

4 굽기

틀에 반죽을 넣고 175℃의 오븐에서 35분 정도 굽는다.

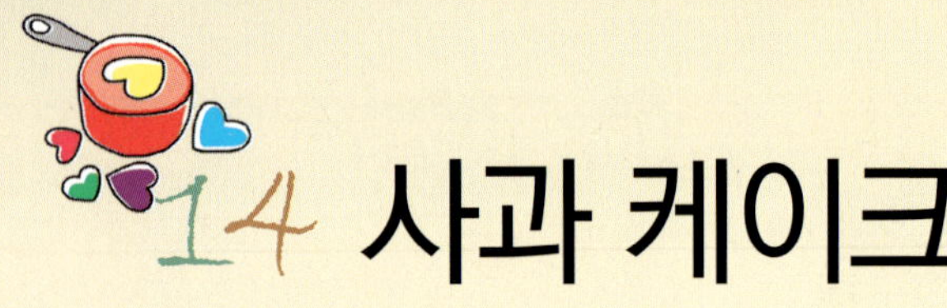

14 사과 케이크

껍질을 벗긴 사과를 반으로 잘라 와인과 계피가루를 넣고 조려 케이크를 만든다. 잘 익은 사과를 맛있게 조리면 폭신한 케이크와 너무 잘 어울린다. 간단하게 집에서 만들 수 있으며 유명 카페에서 먹는 어떤 것보다 부드럽고 맛있는 디저트가 된다.

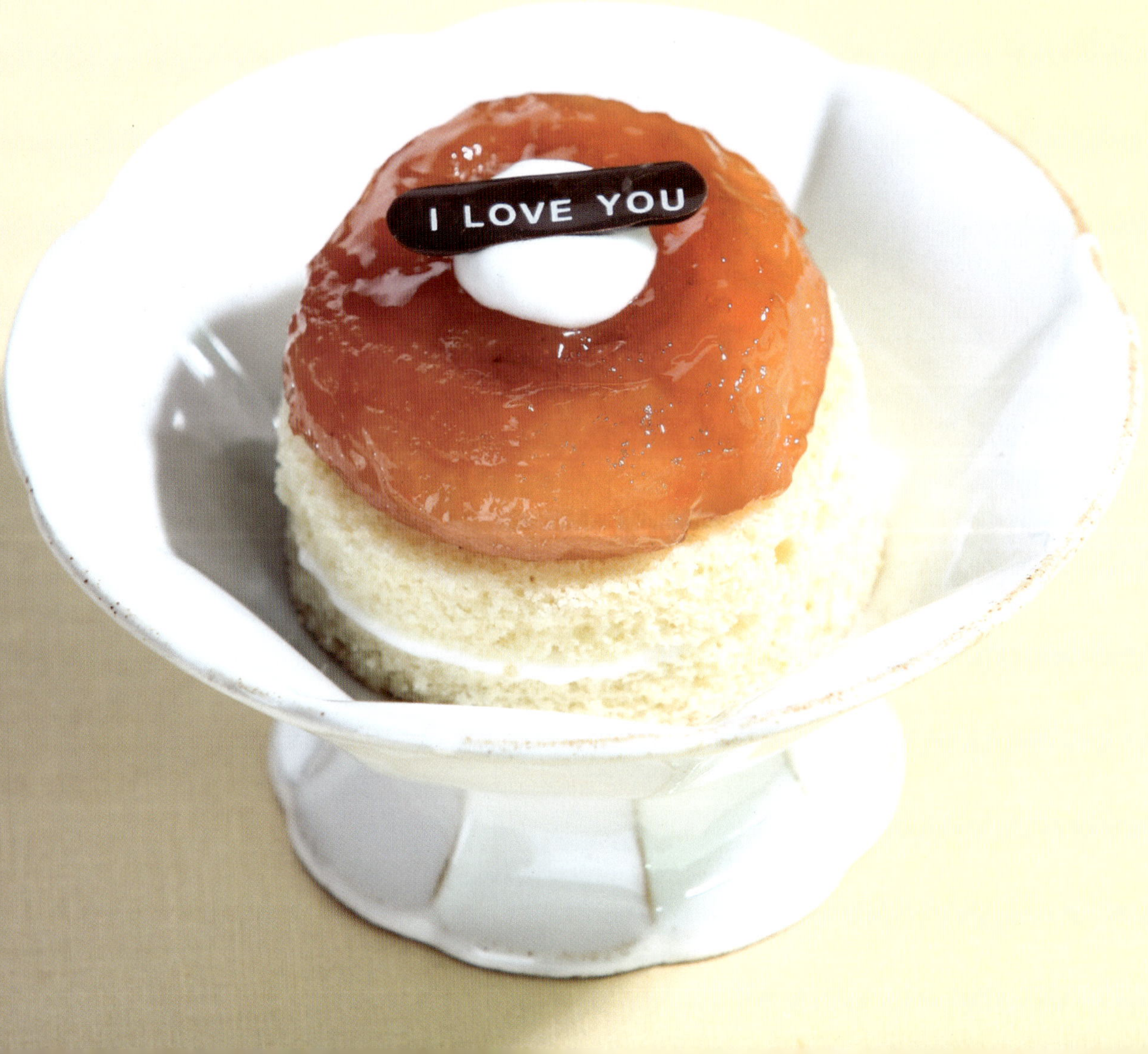

도구
10cm 원형 파운드 틀 1개

재료

❶ 사과조림
사과 1개
설탕 50g
물 40g
럼주나 와인 15g
계피가루 조금

❷ 반죽

박력분 50g
아몬드가루 20g
베이킹파우더 2g
녹차가루 1g

달걀 1개
설탕 30g
카놀라유 40g
우유 15g

❸ 장식/샌드용
생크림 요거트 100g

준비
1. 가루재료는 체에 두 번 내린다.
2. 오븐은 175℃로 예열(5~10분)
   한다.
3. 파운드 틀에 유산지를 깐다.

1 사과 조리기
반으로 자른 사과와 설탕, 물, 와인, 계피가루를 냄비에 넣고 조린다.

2 달걀과 설탕 섞기
달걀을 풀어서 설탕을 넣고 고루 섞는다.

3 반죽 만들기
2에 카놀라유와 우유를 넣은 다음 가루재료를 넣고 반죽을 만든다.

4 굽기
반죽을 파운드 틀에 넣고 175℃의 오븐에서 25분 정도 구운 후 식힌다.

5 생크림 요거트 바르기
케이크는 쿠키커터기로 자른 다음 사과를 조리고 남은 시럽과 생크림 요거트를 바른다.

6 5 위에 조린 사과를 올리고, 생크림 요거트로 장식한다.

너트바

간단히 들고 다니면서 즐길 수 있는 영양만점의 간식이다. 남은 시리얼을 이용하는 방법도 있고 건과일이나 견과를 섞어서 만들 수도 있다. 건강에 좋은 재료들만 모아 정성스럽게 만든 너트바는 고소하고 맛있어 자꾸 손이 간다.

12조각

❶ 시럽
설탕 20g
올리고당 50g
물 10g

❷ 견과
크랜베리 30g
시리얼 40g
아몬드 40g
코코넛 40g
호두 40g

견과는 프라이팬에 살짝 볶는다.

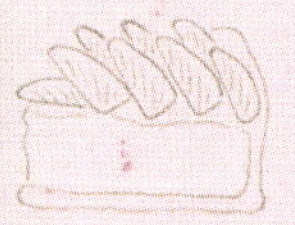

1 시럽 끓이기

프라이팬에 시럽 재료를 다 넣고 중간불에서 젓지 말고 끈기가 생기게 끓인다.

2 고루 섞기

볶은 견과들을 넣고 주걱으로 섞는다.

3 모양 틀에 넣기

틀에 넣고 주걱으로 잘 눌러서 굳힌다.

단단하게 누르지 않으면 자를 때 부서질 수도 있으므로 충분히 눌러 준다.

4 자르기

굳으면 꺼내서 적당한 크기로 자른다.

올리고당 대신 조청을 넣고 굳히거나 170℃의 오븐에 10분 정도 구워 식힌 다음 자르지 않고 수저로 병에 담아 조금씩 꺼내 쓰는 방법도 있다.

건강 도넛

요즘 맛있고 화려하게 꾸며 눈으로 즐기는 것이 대세인 도넛은 고소하고 맛은 있지만 칼로리가 높아 망설이게 된다. 그래서 백 밀가루가 아닌 통밀과 두부를 넣었고 설탕을 빼 부담을 줄였으며 느끼함도 줄였다.

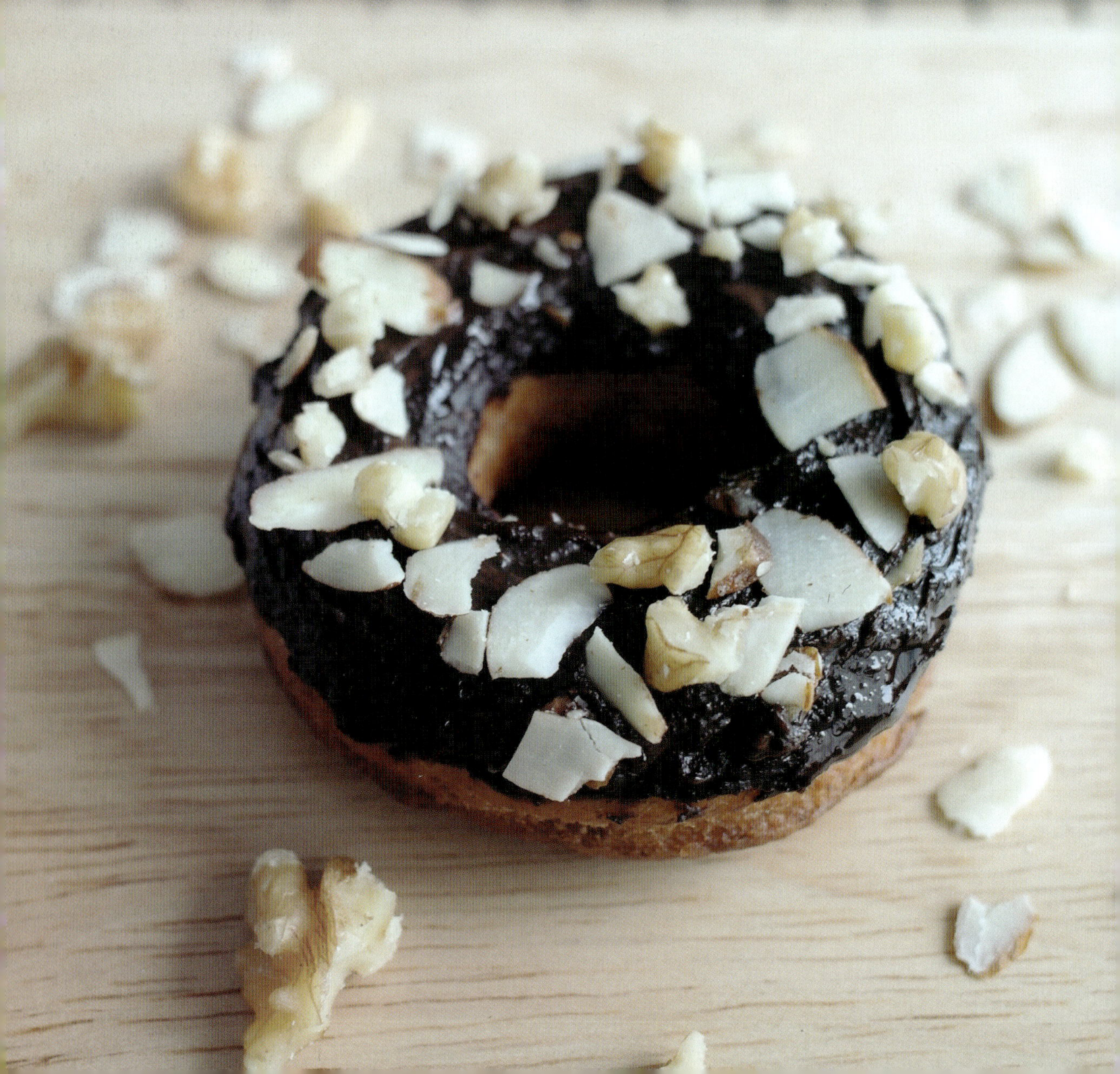

5cm 지름의 도넛 8개 정도

❶ 반죽

통밀가루 50g
우리밀 50g
베이킹파우더 5g

두부 80g
조청 10g
메이플 시럽 5g
소금 ¼작은술

❷ 토핑
약간의 견과류 등

❸ 기름
튀김기름 적당량

1. 가루재료는 체에 여러 번 내린다.
2. 토핑재료는 곱게 간다.

1 재료 섞기

체에 내린 가루에 두부와 조청, 메이플 시럽, 소금을 곱게 갈아 섞는다.

2 반죽하기

1을 한 덩어리로 만든다.

3 모양내기

손으로 링 모양을 만들거나 쿠키커터로 모양을 찍는다.

4 튀기기

끓는 기름에 노릇하게 튀긴다. 부드러운 맛을 살리기 위해 오래 튀기지 않는다.

5 토핑하기

망에 놓고 식힌 후, 초콜릿이나 견과류 등으로 토핑을 올려 모양을 낸다.

17 진저 갈릭 브레드

진저 갈릭 브레드는 마늘이나 생강의 독특한 향 때문에 구워 놓으면 자꾸만 손이 간다. 달지 않고 구수하며 통밀이나 옥수수 가루, 잡곡 가루를 활용할 수 있다.

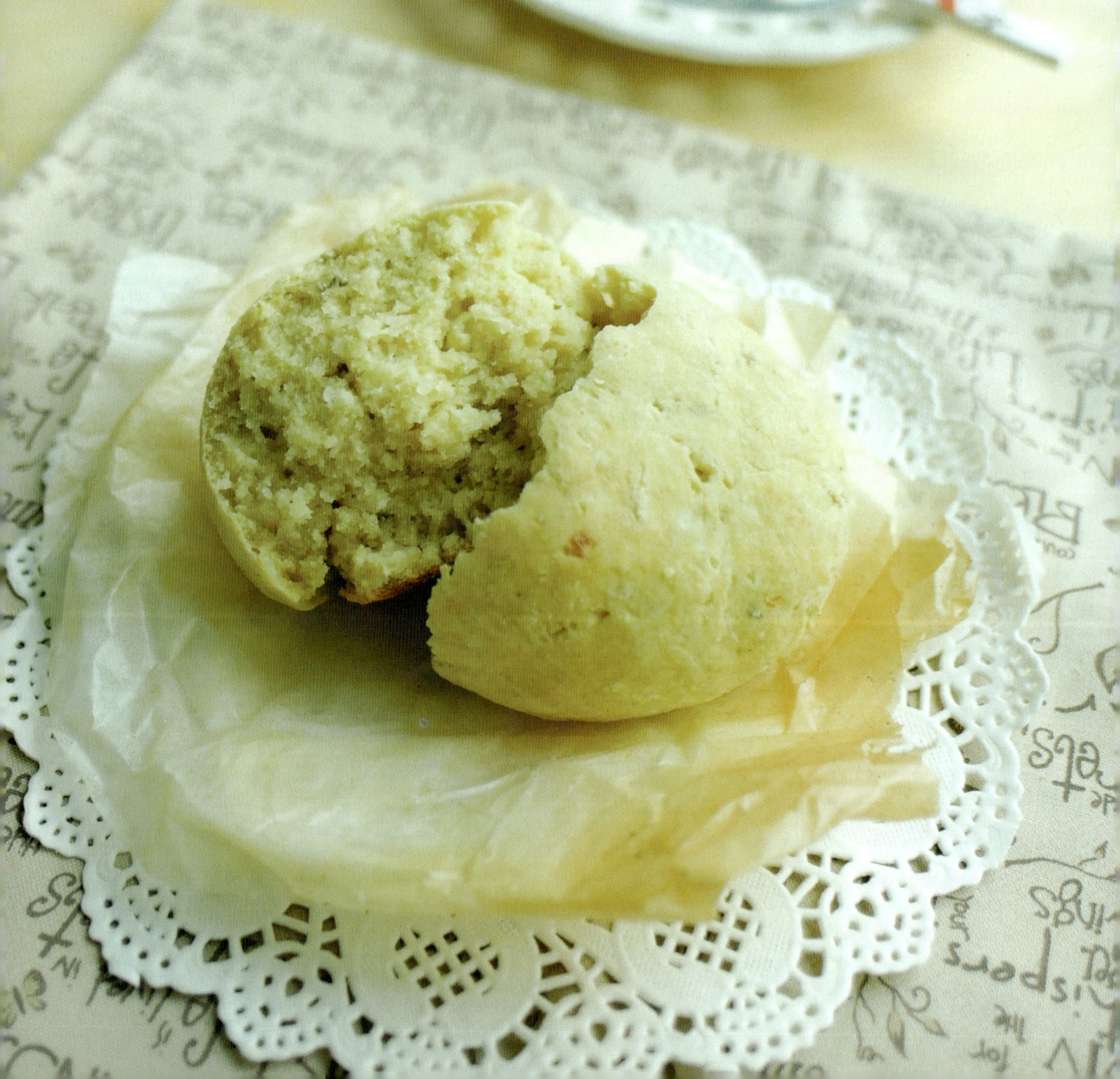

도구

15cm 원형 파운드 틀 1개

재료

통밀 100g
옥수수가루 50g
베이킹파우더 3g
베이킹소다 ½작은술

소금 ¼작은술
마늘
생강 갈아서 5g~8g 정도
두유 120g
오레가노 조금

준비

1. 가루재료는 체에 두 번 내린다.
2. 오븐은 180℃로 예열(5~10분)
   한다.

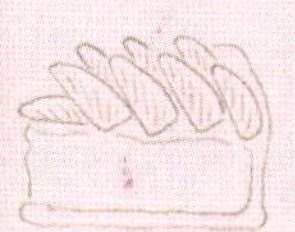

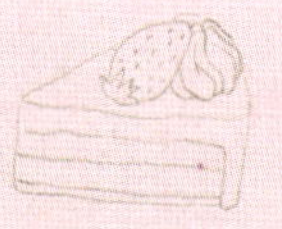

1 재료 섞기

소금, 마늘과 생강 간 것, 오레가노를 섞는다.

2 두유 섞기

1에 두유를 넣고 섞는다.

3 가루 섞기

2에 가루재료를 넣고 섞는다.

4 모양 만들어 굽기

동그란 모양을 만들어서 180℃의 오븐에 30분 정도 굽는다.

과일 브라우니

버터나 달걀 없이 누구나 좋아하는 달콤한 브라우니를 간단하게 만들 수 있다. 브라우니 위에 과일이나 호두를 올리고 구우면 모양이 예쁘고 근사해서 선물용으로도 좋다. 초콜릿과 함께 질 좋은 무가당 코코아 파우더를 넣어 풍미를 더했다.

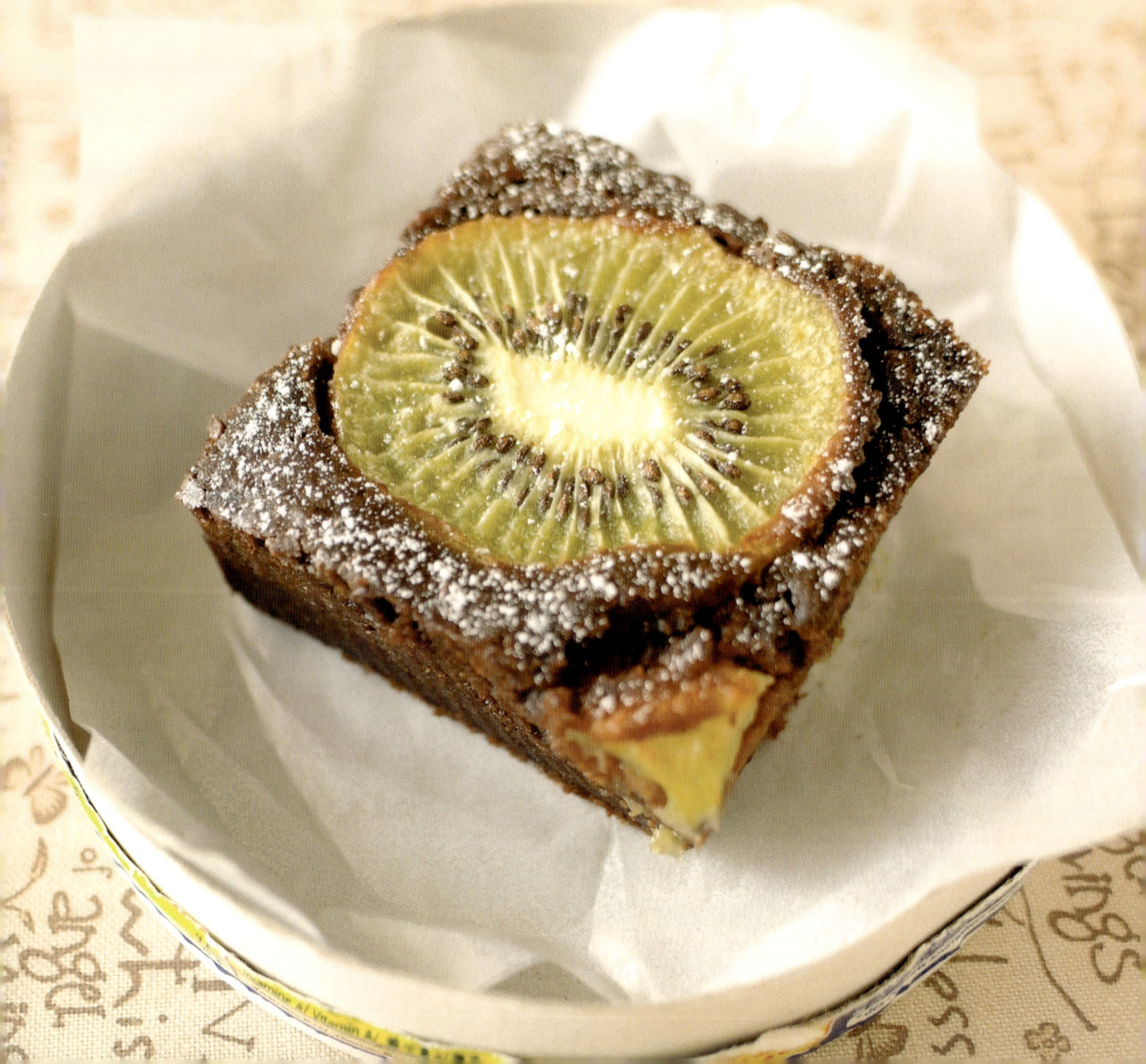

도구

15cm 사각틀 1개

재료

중력분 130g
코코아파우더 30g
베이킹파우더 5g

카놀라유 40g
두부 100g
유기농 황설탕 120g
두유 150g
다크초콜릿 70g
토핑용 호두나 과일 적당량

준비

1. 오븐은 180℃로 예열(5~10분) 한다.
2. 데운 두유에 다크초콜릿을 넣어 녹여 초콜릿 두유를 만들어 둔다.

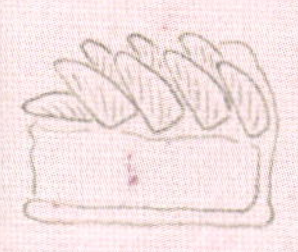

1 두부 갈기
믹서에 카놀라유, 두부, 황설탕을 넣고 곱게 간다.

2 초콜릿 두유 섞기
1에 녹인 초콜릿 두유를 넣고 섞는다.

3 체에 내린 가루 섞기
2에 가루재료를 다 넣고 섞은 다음 틀에 반죽을 넣는다.

4 토핑 올리고 굽기
위에 토핑을 올리고 180℃의 오븐에서 25분 정도 굽는다.

채식 초콜릿 케이크

일반적인 생크림이나 버터크림 대신 두부로 크림을 만들어서 케이크 위에 바르고 초콜릿으로 장식을 해서 만드는 방법이다. 두부크림은 과일 퓨레나 레몬즙, 럼주 등으로 맛을 내는데, 상큼함이 케이크의 맛을 잘 살린다.

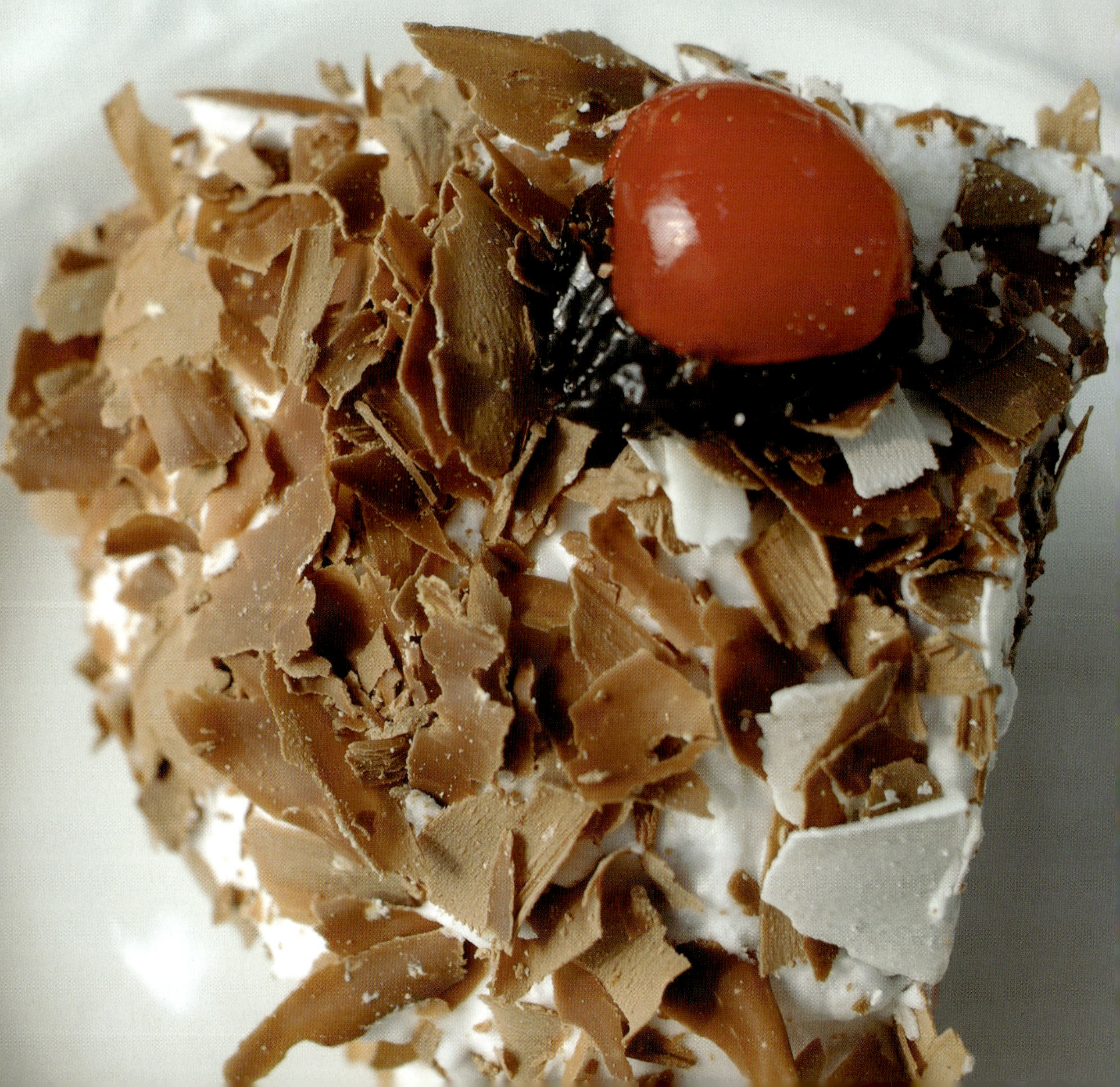

15cm 원형틀 1개

❶ 두부크림

두부 200g

조청 40g

전분 15g

레몬즙 15g

두유 30g

가루한천 ½작은술

❷ 초콜릿 케이크

통밀 35g

박력분 60g

코코아파우더 15g

베이킹파우더 5g

소금 ¼작은술

유기농 설탕 80g

카놀라유 40g

두유 110g

❸ 토핑

다크/화이트초콜릿 야채 칼로 긁어

서 50g

체리나 푸른(말린 자두) 조금

1. 가루재료는 체에 내린다.

2. 오븐은 180℃로 예열(5~10분)

　한다.

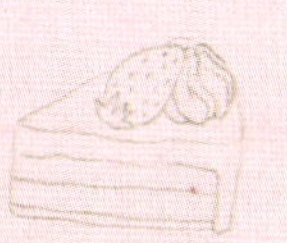

1 두부크림 만들기 1

뜨겁게 데운 두유에 한천을 넣고 녹인다.

2 두부크림 만들기 2

두부는 끓는 물에 데쳐서 물기를 뺀다.

3 두부크림 만들기 3

2와 두부, 조청, 전분, 레몬즙을 곱게 갈아 3~4시간 냉장고에 둔다.

> 굳힌 두부크림을 케이크에 올리기 전 한 번 더 갈면 부드러운 크림상태가 된다. 크림이 되면 약간의 두유를 첨가한다.

4 케이크 굽기

유기농 설탕과 액체재료(카놀라유, 두유)를 먼저 섞고 가루재료를 넣은 다음 180℃ 오븐에서 30분 구워 초콜릿 케이크를 만들고 망에서 식힌다.

5 두부크림 올리기

충분히 식힌 초콜릿 케이크를 두 장으로 잘라 두부크림을 샌드하고 전체를 바른다.

6 초콜릿 올려 장식하기

초콜릿을 고루 뿌리고 위에 말린 체리나 푸른 등으로 장식한다.

당근 호박 케이크

당근 호박 케이크는 만들기 쉬울 뿐 아니라 재료 또한 쉽게 구할 수 있다. 무엇보다 우리 식탁에 친숙한 채소인 당근을 이용하였기 때문에 입맛에도 익숙하고 근사한 자연식 케이크를 만들 수 있다.

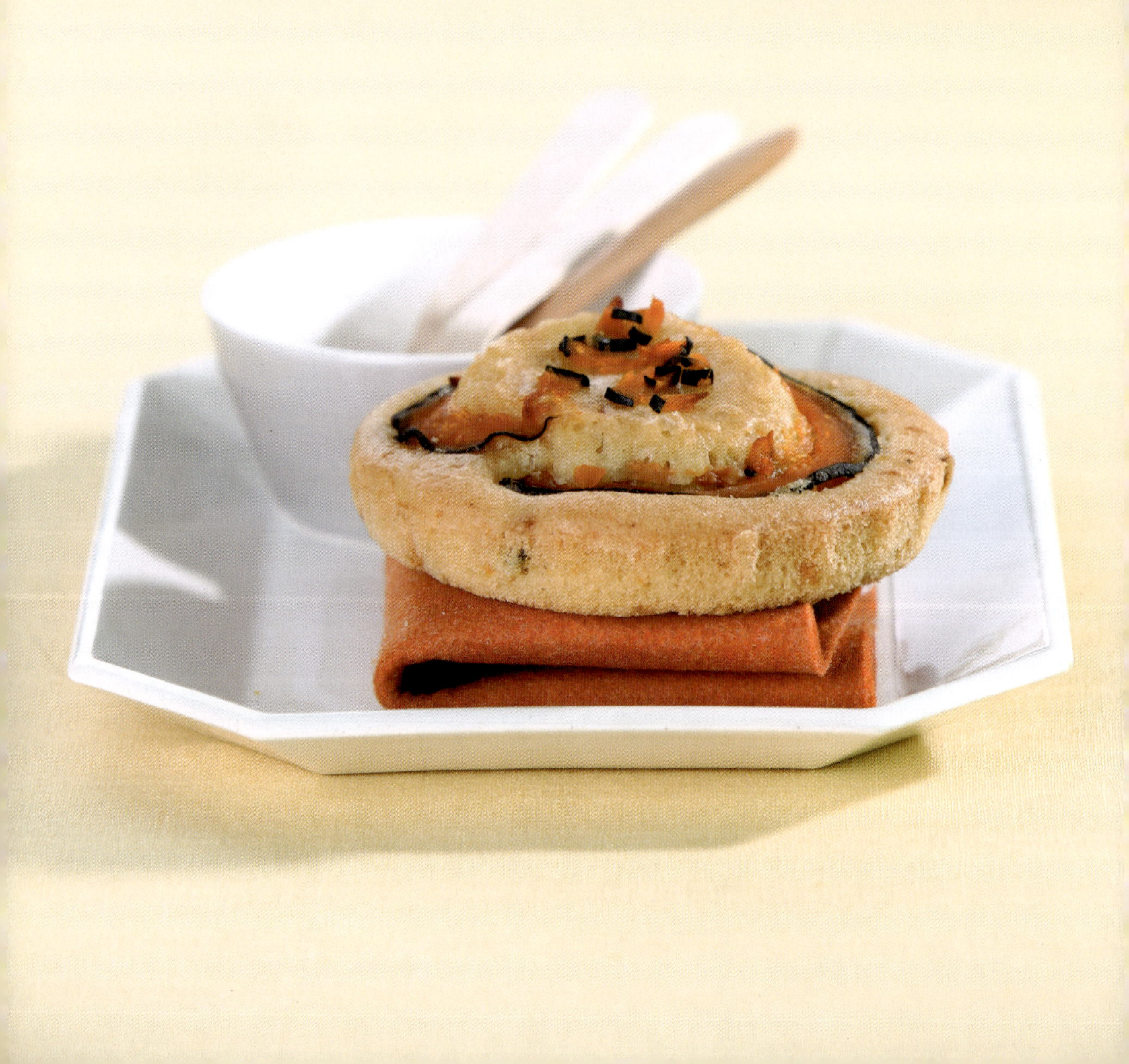

18cm 파운드 틀 1개

박력분 100g
베이킹파우더 3g
아몬드가루 30g

달걀 2개
설탕 30g
두유 80g
카놀라유 50g
소금 ¼작은술
채 썬 당근 50g
호박 50g
장식용 호박 50g

1. 가루재료는 체에 두 번 내린다.
2. 오븐은 175℃로 예열(5~10분) 한다.
3. 파운드 틀에 유산지를 깐다.

1 당근 · 호박 썰기

당근과 호박은 가늘게 채 썰고 장식용은 반달 모양으로 썬다.

2 달걀 풀기

달걀을 풀어서 설탕을 넣고 고 루 섞는다.

3 재료 섞기

2에 두유와 카놀라유, 소금을 넣고 고루 섞는다.

4 반죽하기

체에 내린 가루재료를 3에 넣 어 반죽하고 채 썬 당근과 호박을 골 고루 섞는다.

5 파운드 틀에 반죽 넣기

반죽을 파운드 틀에 넣고 장식 용 호박을 올린다.

6 오븐에 굽기

175℃ 오븐에서 30분 정도 굽 는다.

브로콜리 삶은 달걀 케이크

우유나 주스와 함께 먹는 아침식사로도 좋은 케이크이다. 브로콜리는 건강 식재료로 유명하지만 요리방법도 다양해서 케이크 반죽에 넣고 구우면 깔끔한 맛이 있다. 또한 브로콜리는 다른 잎채소와 달리 수분이 많지 않아 케이크를 구울 때 모양이 쉽게 흩어지지 않는다.

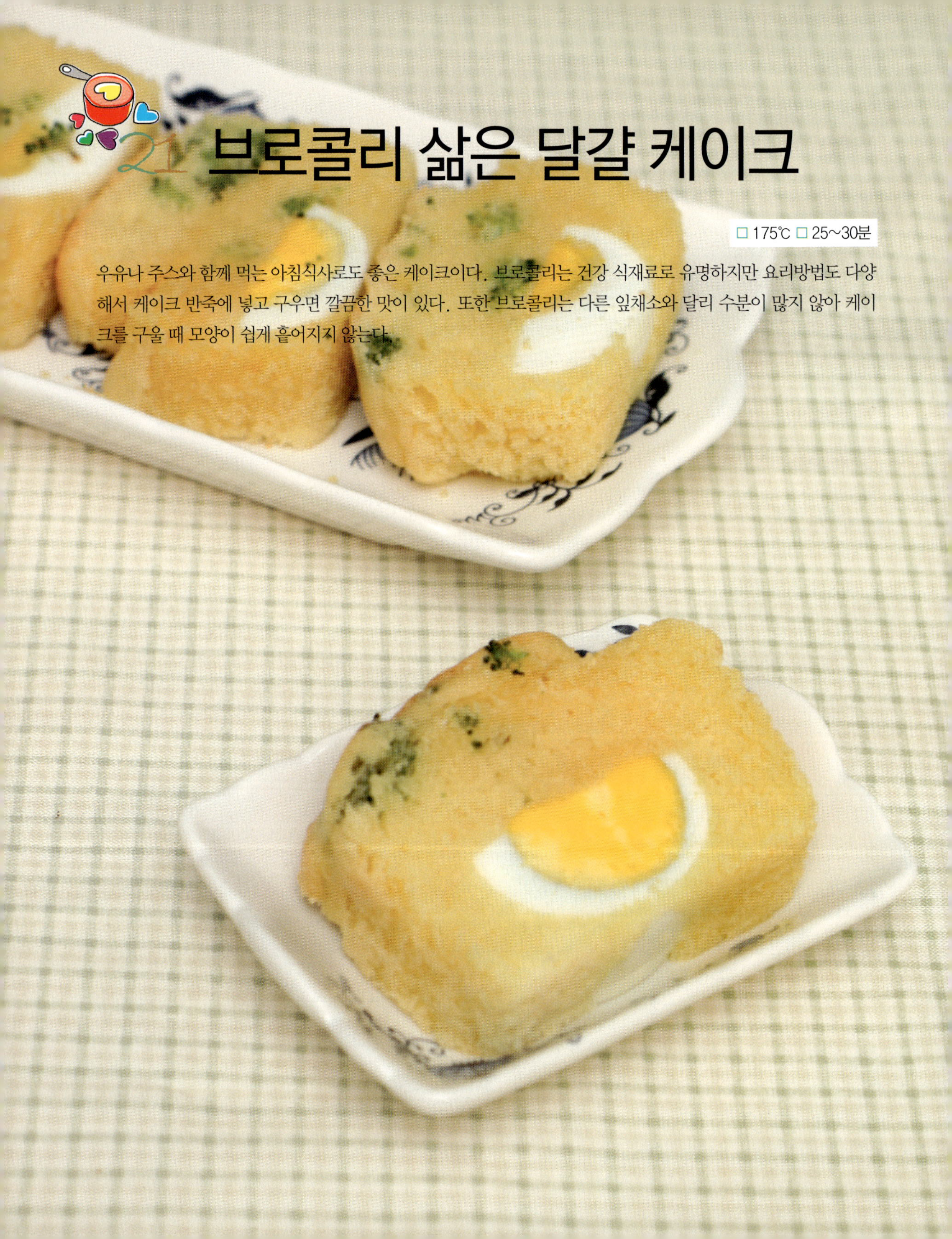

도구

18cm 파운드 틀 1개

재료

박력분 100g
베이킹파우더 3g
아몬드가루 10g

달걀 2개
설탕 15g
브로콜리 80g
삶은 달걀 2개
카놀라유 50g
소금 ¼작은술
두유 50g

준비

1. 가루재료는 체에 두 번 내린다.
2. 오븐은 175℃로 예열(5~10분)
   한다.
3. 파운드 틀에 유산지를 깐다.

1 브로콜리 데치기

브로콜리를 수분이 날아갈 정도로만 살짝 돌리고(1분 내외) 적당한 크기로 썬다.

2 달걀과 설탕 섞기

달걀 2개를 풀어 설탕을 넣고 거품기로 섞는다.

3 반죽하기

2에 카놀라유와 소금, 두유를 섞고 체에 내린 가루재료를 넣어 반죽한다.

4 브로콜리 섞기

반죽에 브로콜리를 넣어 골고루 섞는다.

5 파운드 틀에 반죽 넣기

파운드 틀에 반죽을 반 정도 채우고 삶은 달걀을 반 갈라 가운데에 넣는다.

6 오븐에 굽기

반죽을 175℃ 오븐에서 25~30분 정도 굽는다.

# 22 야채 파운드 케이크

□ 175℃ □ 25분

시금치나 쑥, 취나물 등 나물이나 반찬으로 만들었던 야채들을 케이크에 넣어서 구울 수 있다. 잘게 썰어서 넣기도 하고 믹서에 갈아서 쓰기도 한다. 믹서에 갈면 색 또한 예쁘다. 야채를 넣은 케이크는 야채 고유의 수분과 고소함으로 케이크가 촉촉하고 맛이 있으며 섬유질도 있어 건강에 좋다.

18cm 파운드 틀 1개

박력분 100g
베이킹파우더 3g

시금치 50g
달걀 2개
설탕 30g
두유 80g
소금 2g
카놀라유 50g

1. 가루재료는 체에 두 번 내린다.
2. 오븐은 175℃로 예열(5~10분)
   한다.

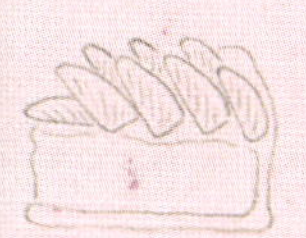

1 시금치 데치기

끓는 물에 시금치와 소금을 넣고 데친다. 데친 시금치는 물기를 짜고 적당한 크기로 썬다.

2 달걀 풀기

달걀을 풀어서 설탕을 넣고 고루 섞는다.

3 반죽하기

2에 두유와 소금, 카놀라유를 넣고 고루 섞는다.

4 시금치 넣기

3에 가루재료와 데친 시금치를 넣고 고루 섞는다.

5 파운드 틀에 반죽 넣기

파운드 틀에 반죽을 넣는다.

6 오븐에 굽기

반죽을 175℃ 오븐에 넣고 25~30분 정도 굽는다.

당근 브로콜리 케이크

□ 175℃ □ 30분

당근과 브로콜리는 생으로 먹을 때보다 익히면 베타카로틴의 흡수율이 훨씬 증가한다고 한다. 당근과 브로콜리를 케이크에 넣어 맛과 영양을 고루 챙기자. 당근의 고소함과 달콤함, 채소 고유의 적당한 수분이 부드럽게 잘 어울려서 한결 맛있다.

도구

18cm 파운드 틀 1개

재료

박력분 160g
아몬드가루 30g
베이킹파우더 4g

당근 50g
브로콜리 50g
두유 80g
설탕 20g
소금 ½작은술
카놀라유 40g
바닐라 농축액 조금

준비

1. 가루재료는 체에 두 번 내린다.
2. 오븐은 175℃로 예열(5~10분)
   한다.

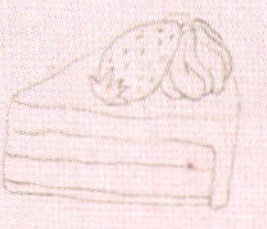

1 당근은 가늘게 채 썰고 브로콜리는 적당한 크기로 자른다.

2 두유에 설탕과 소금, 카놀라
유, 바닐라 농축액을 넣고 고
루 섞는다.

3 2에 가루재료를 넣어 반죽한
다음 준비한 당근과 브로콜리
섞는다.

4 반죽을 파운드 틀에 담고
175℃의 오븐에서 30분 정도
굽는다.

카레 파프리카 케이크

이 케이크는 파프리카가 들어가 구웠을 때 향이 너무 좋다. 파프리카에 들어 있는 비타민 A는 케이크에 넣고 구우면 흡수율도 높아진다. 파프리카는 색마다 영양성분이 다르다고 하는데 노란 파프리카는 스트레스 해소에 도움이 된다고 한다.

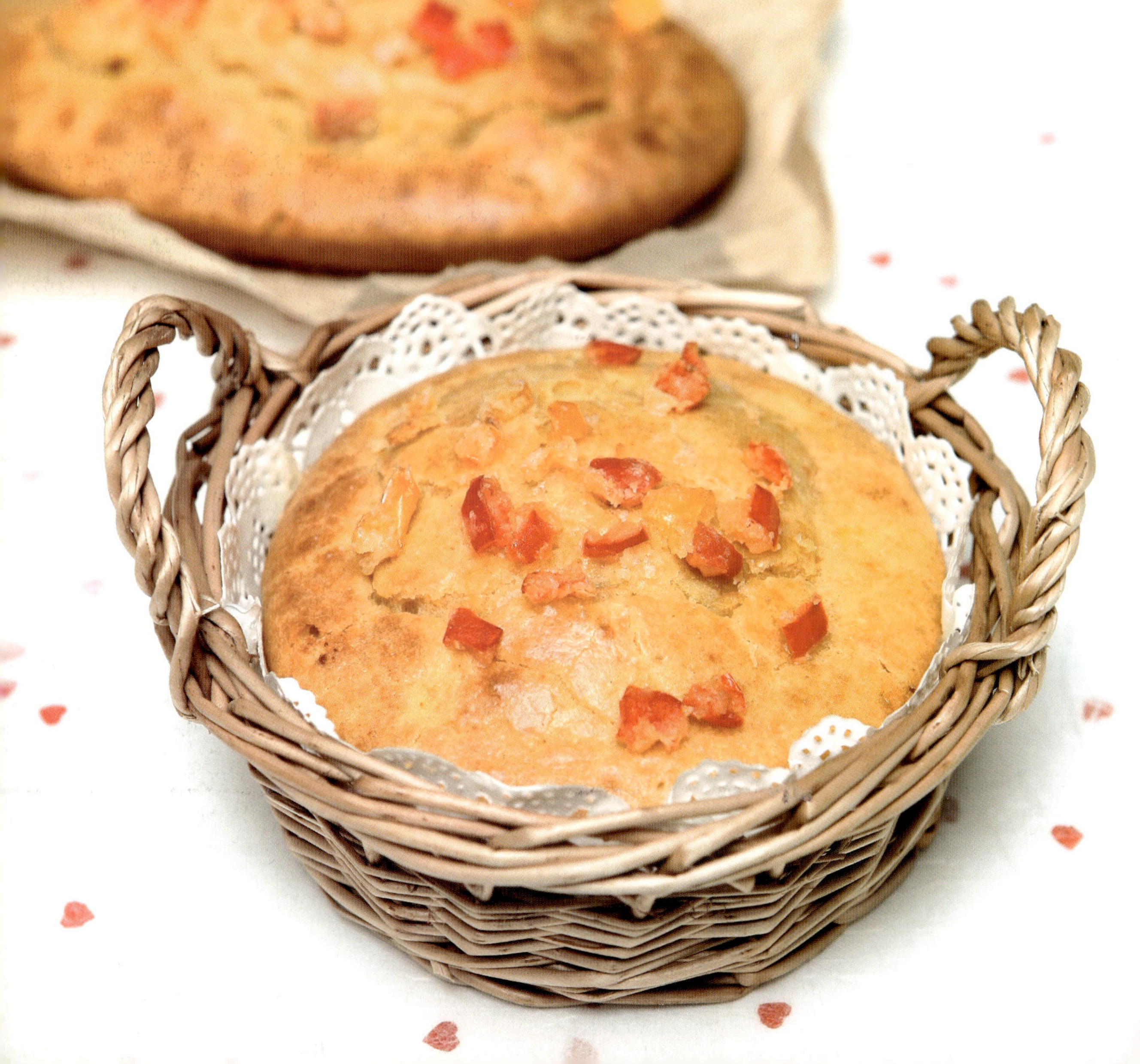

도구

18cm 파운드 틀 1개

재료

박력분 90g
베이킹파우더 3g
카레가루 6g

달걀 2개
설탕 20g
두유 50g
카놀라유 50g
소금 ¼작은술
파프리카 50g
토핑용 다진 파프리카 20g

준비

1. 가루재료는 체에 두 번 내린다.
2. 오븐은 180℃로 예열(5~10분) 한다.
3. 파운드 틀에 유산지를 깐다.

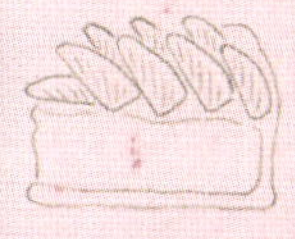

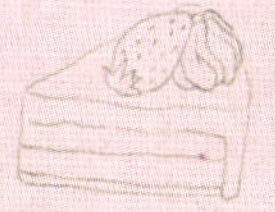

1 파프리카 썰기
파프리카를 잘게 썬다.

2 달걀 풀기
달걀을 풀어서 설탕을 넣고 고루 섞는다.

3 재료 섞기
2에 두유와 카놀라유, 소금을 넣고 섞는다.

4 반죽하기
3에 가루재료를 넣어 반죽한 다음 파프리카를 넣어 골고루 섞는다.

5 틀에 반죽 넣기
파운드 틀에 반죽을 넣고 토핑용 파프리카를 위에 올린다.

6 오븐에 굽기
175℃의 오븐에서 30분 정도 굽는다.

25 토마토 케이크

토마토주스는 직접 갈아서 케이크에 넣으면 첨가물 걱정이 없어 좋다. 케이크에 크림치즈가 들어가서 고소하고, 토마토를 넣어 향이 은근하다. 토마토에 많이 들어있는 리코펜은 피부에 좋다고 한다. 토마토의 천연색으로 인해 색도 예쁘고 영양도 가득한 케이크다.

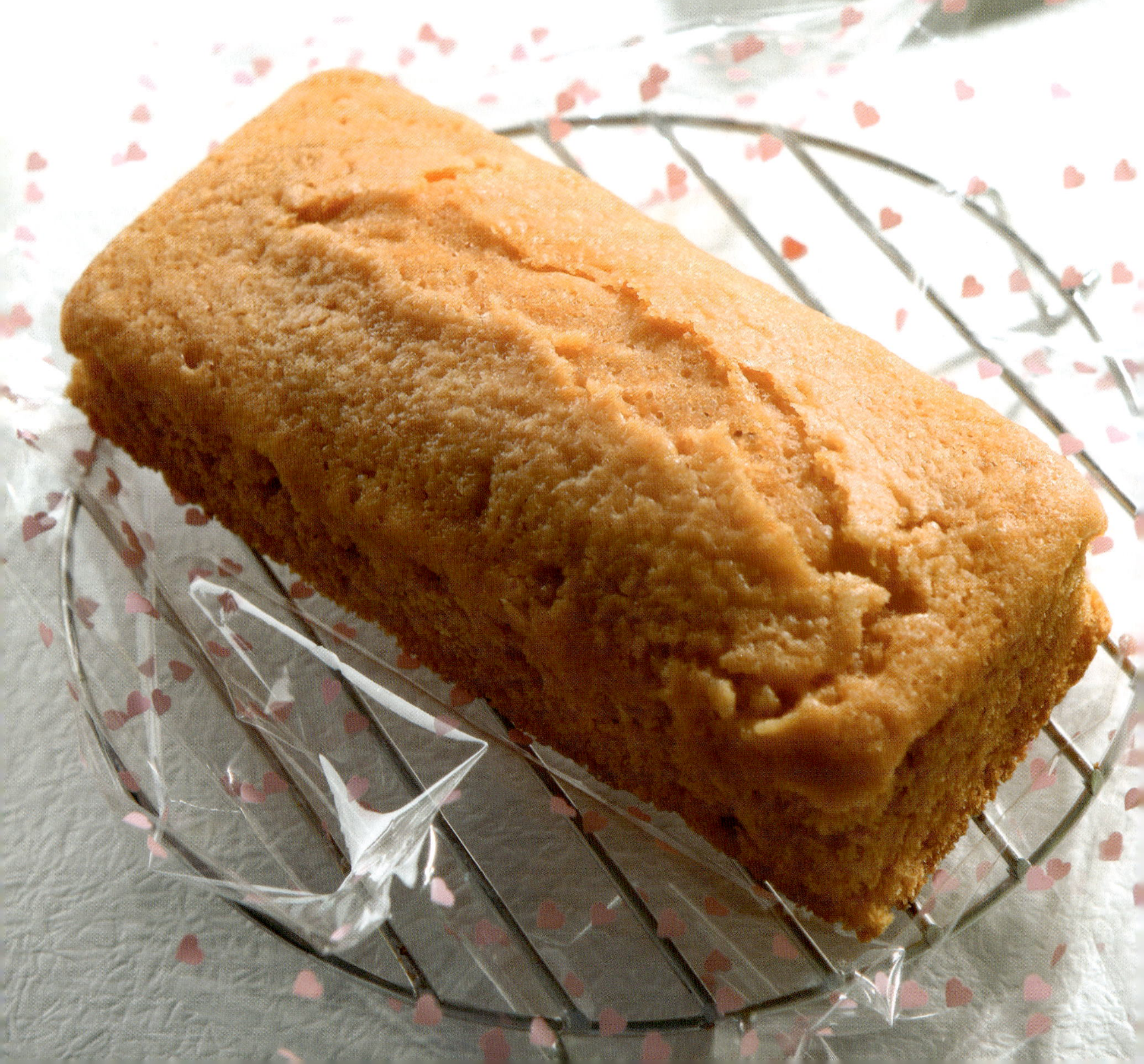

18cm 파운드 틀 1개

박력분 80g
베이킹파우더 3g

달걀 2개
설탕 30g
크림치즈 50g
카놀라유 60g
토마토주스 50g
방울토마토 50g

1. 크림치즈와 달걀은 실온에 미리
   꺼내 둔다.
2. 가루재료는 체에 내린다.
3. 오븐은 170℃로 예열(5~10분)
   한다.
4. 파운드 틀에 유산지를 깐다.

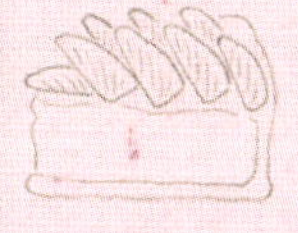

1 방울토마토 준비하기

방울토마토는 물기를 없애고 반
으로 잘라 놓는다.

2 크림치즈 풀기

말랑한 크림치즈는 풀어서 설
탕을 넣고 섞는다.

3 달걀 섞기

2에 달걀을 하나씩 넣고 섞은
다음 카놀라유를 넣고 고루 섞는다.

4 반죽하기

3에 체에 내린 가루재료를 넣
고 토마토주스를 넣은 후 고루 섞
는다.

5 파운드 틀에 반죽 넣기

파운드 틀 바닥에 썰어둔 방울
토마토를 넣고 반죽을 넣는다.

6 오븐에 굽기

반죽을 넣고 175℃ 오븐에서
30분 정도 굽는다.

현미 쌀 케이크

□ 175℃ □ 30분

케이크를 밀가루로만 만들던 시대는 지났다. 영양소가 가득한 현미를 가루로 만들어 케이크에 넣어 보았다. 제빵
용 쌀가루가 아닌 직접 빻은 현미 쌀을 밀가루 대신 넣고 구웠으며 건과일과 견과를 넣어 맛을 살렸다.

도구

18cm 파운드 틀 1개

재료

현미쌀가루 40g
우리밀 60g
베이킹파우더 5g

달걀 2개
흑설탕 80g
두유 50g
카놀라유 70g
다진 견과류 25g
말린 과일 25g
럼주 15g

준비

1. 가루재료는 두 번 체에 내린다.
2. 오븐은 175℃로 예열(5~10분) 한다.
3. 파운드 틀에 유산지를 깐다.

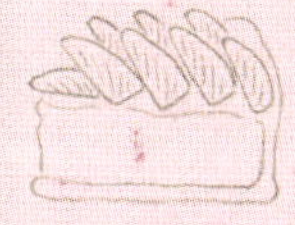

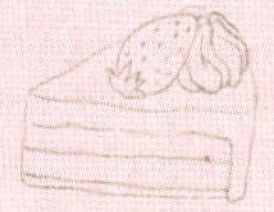

1 럼주에 견과 재우기
다진 견과류와 말린 과일을 럼주에 30분 정도 재운다.

2 달걀에 설탕 섞기
달걀을 풀어서 흑설탕을 넣고 고루 섞는다.

3 재료 섞기
2에 두유와 카놀라유를 넣어 고루 섞는다.

4 반죽하기
3에 체에 내린 가루재료를 넣고 1과 고루 섞는다.

현미 쌀만 넣으면 케이크의 식감이 거칠기 때문에 박력분이나 우리밀을 적당히 섞는다.

5 파운드 틀에 반죽 넣고 오븐에 굽기
반죽을 파운드 틀에 넣고 175℃의 오븐에서 30분 정도 굽는다.

27 허브 케이크

허브는 차로 즐기거나 요리에 넣기도 하지만 케이크에 넣어서 굽기도 한다. 말린 허브면 어떤 것이든 가능하며 여러 가지 허브들을 섞어서 넣어도 좋다. 마늘이나 생강가루를 같이 넣고 굽는데, 굽는 내내 싱그러운 허브향이 실내를 가득 채워서 정신을 맑게 해준다.

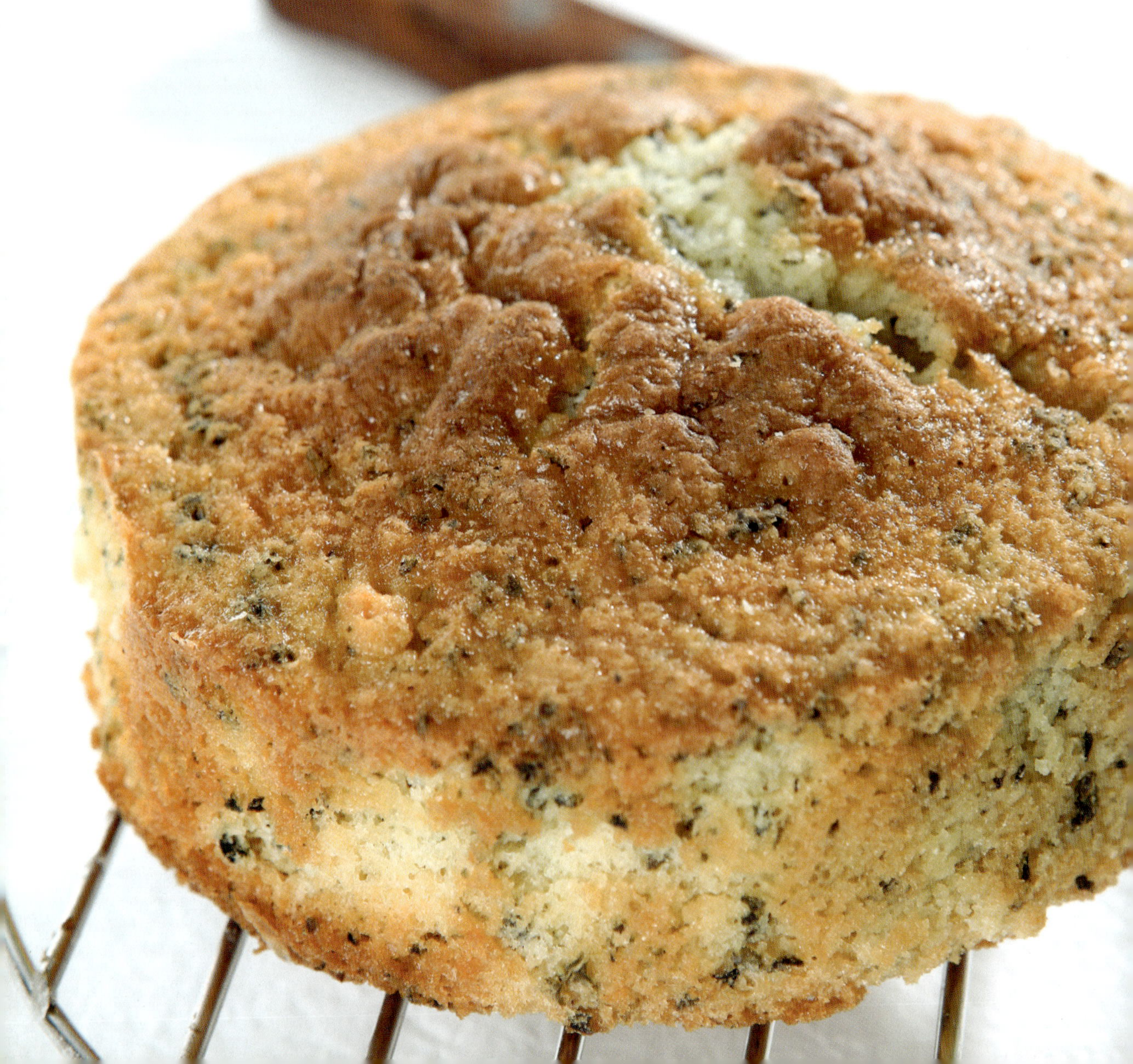

도구

15cm 파운드 틀 1개

재료

박력분 100g
베이킹파우더 3g
아몬드가루 10g

두유 50g
허브(파슬리가루, 바질, 마조람,
로즈마리 등) 적당량
달걀 2개
설탕 20g
카놀라유 50g
소금 ¼작은술
마늘가루 1g

준비

1. 가루재료는 체에 두 번 내린다.
2. 오븐은 175℃로 예열(5~10분)
   한다.
3. 파운드 틀에 유산지를 깐다.

1 두유에 허브 불리기

두유를 살짝 데워 허브와 마늘
가루를 담고 말린 허브의 향이 깊게
스며들도록 30분 정도 둔다.

2 달걀과 설탕 섞기

달걀을 풀어서 설탕을 넣고 고
루 섞는다.

3 재료 섞기

2에 카놀라유와 소금, 1을 넣
고 섞는다.

4 반죽하기

3에 가루재료를 넣고 골고루
섞어 반죽한다.

5 파운드 틀에 반죽 넣기

유산지를 깐 파운드 틀에 완성
된 반죽을 넣는다.

6 오븐에 굽기

반죽을 175℃의 오븐에 넣어
25분 정도 굽는다.

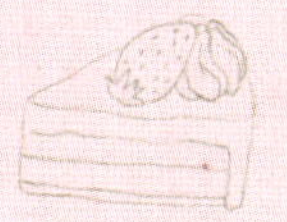

28 과일 크럼블

□ 180℃ □ 25분

크럼블은 과일의 달콤함과 입 안에서 바삭하게 부서지는 고소함이 좋다. 냉장고에 남아있는 복숭아나 사과, 배, 키위, 감 등 자투리 과일을 이용해서 만들 수 있다. 맛도 있지만 구웠을 때 보기에도 근사해서 손님 접대에 손색이 없다.

도구

20cm 내열 용기

재료

천도복숭아 1개
사과1개
건포도 20g
계피가루 ½작은술
럼주 20g
견과 다진 것 100g
통밀 70g
카놀라유 20g
조청 60g
소금 ½작은술

준비

1. 과일은 3cm 정도 크기로 자른다.
2. 오븐은 180℃로 예열(5~10분)
   한다.

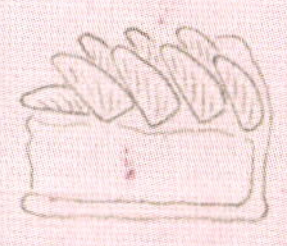

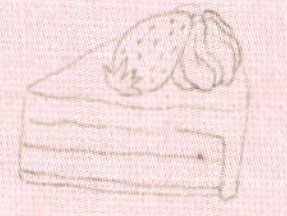

1 용기에 과일 넣기
내열용기에 자른 과일과 건포도, 계피가루, 럼주를 넣는다.

2 크럼블 반죽하기
볼에 견과 다진 것과 통밀, 카놀라유, 조청, 소금을 넣고 잘 섞는다.

3 크럼블 올리기
1에 2를 고루 올리고 180℃의 오븐에서 25분 정도 굽는다.

바나나 파운드 케이크

□ 175℃ □ 35분

바나나는 향도 좋고 케이크에 넣으면 맛도 있어 베이킹에 많이 쓰이는 재료이다. 바나나는 케이크 속에서 촉촉한 식감을 만들어 내는데 금방 구워 낸 따끈한 케이크 속 바나나는 살살 녹는다. 또한 아몬드 가루가 들어가서 더욱 고소하고 맛있으며 부드럽다.

15cm 파운드 팬 1개

박력분 100g
아몬드가루 20g
베이킹파우더 4g

달걀 2개
설탕 50g
카놀라유 50g
소금 ½작은술
생크림 요거트 50g
바나나 1개

1. 가루재료는 체에 두 번 내린다.
2. 오븐은 170℃로 예열(5~10분)
   한다.
3. 파운드 틀에 유산지를 깐다.

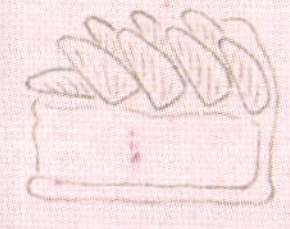

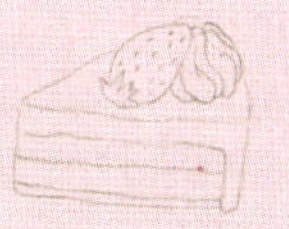

1 바나나 썰기

바나나는 껍질을 벗기고 얇게 썬다.

2 재료 섞기

달걀을 풀어서 설탕을 넣고 카놀라유와 소금을 섞는다.

3 반죽하기

2에 체에 내린 가루재료를 섞어 반죽하고 생크림 요거트와 썰어 둔 바나나를 섞는다.

4 파운드 틀에 반죽 넣기

파운드 틀에 반죽을 넣고 위에 바나나를 올린다.

5 오븐에 굽기

175℃ 오븐에서 35분 정도 굽는다.

30 흑임자 파운드

□ 175℃ □ 25분

흑임자의 고소한 맛을 살려서 만든 케이크이다. 흑임자를 살짝 빻거나 가루를 내어 넣어도 되며 통깨로 넣어 씹히는 맛을 즐길 수도 있다. 윗면에 뿌려서 장식 효과를 내어도 된다. 깨 페이스트에 꿀을 넣고 가나슈처럼 케이크 중간에 넣어 달콤함을 더할 수도 있다.

도구

15cm 파운드 틀 1개분

재료

통밀 20g
박력분 60g
베이킹파우더 3g

흑임자 10g
달걀 2개
설탕 30g
두유 40g
카놀라유 60g
생크림 15g

준비

1. 가루재료는 체에 내린다.
2. 흑임자는 팬에 볶는다.
3. 오븐은 175℃로 예열(5~10분)
   한다.
4. 파운드 틀에 유산지를 깐다.

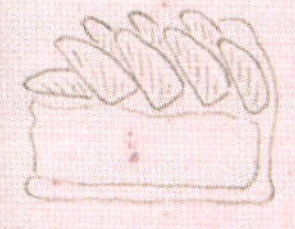

1 재료 섞기

달걀을 풀고 설탕과 두유, 카놀라유, 생크림을 넣어 골고루 섞는다.

2 반죽하기

1에 체에 내린 가루재료를 섞어 반죽한다.

3 파운드 틀에 반죽 넣기

파운드 틀에 반죽을 넣고 그 위에 볶아 놓은 흑임자 가루를 뿌린다.

4 오븐에 굽기

175℃의 오븐에서 25분 정도 굽는다.

31 천연효모로 만드는 베이글

효모를 직접 키워서 사용하면 원료에 따라 맛과 향이 다르며, 또한 부드럽다. 이스트균을 정제된 백미에 비유한다면 자연효모는 현미와 같다고 할까. 발효가 필요한 빵이지만 생각보다 복잡하지 않은, 키우는 기쁨이 있는 천연효모를 만들어 보길 바라는 마음으로 소개한다.

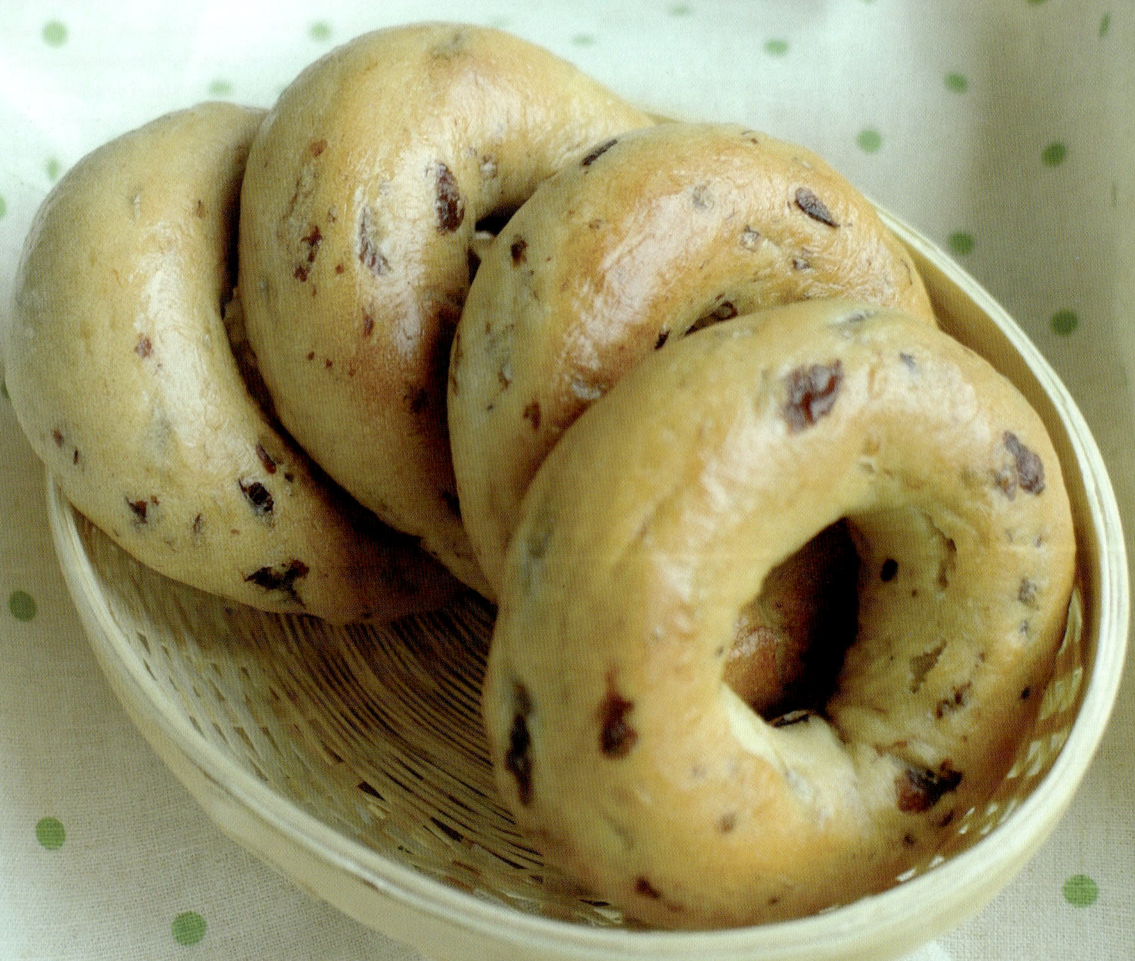

데칠 수 있는 팬

통밀가루 40g

강력분 60g

건포도 효모 55~60g

소금 ¼작은술

1. 가루재료는 체에 내린다.
2. 오븐은 190℃로 예열(5~10분) 한다.
3. 건포도 효모를 키워 놓는다.

재료 : 건포도 50g, 물 120g

1. 병을 끓는 물에 삶아 뒤집어 건조시킨다.
2. 재료를 넣고 뚜껑을 닫는다. 이때 물의 양은 건포도의 2배 정도이고 생수나 정수기 물을 사용한다. 건포도는 코팅이 되지 않은 반짝거리지 않는 것으로 사용한다.
3. 27℃ 정도에서 3~7일 정도 발효시킨다. 하루에 한 번은 뚜껑을 열어 공기를 넣고 흔들어 준다. 일정한 온도를 유지하는 것이 좋다. 여름에는 실온에서도 발효가 잘 된다.
4. 발효가 잘 된 것은 뚜껑을 열 때 소리가 나며 표면에 거품이 많고 밑에서 작은 거품들이 올라온다.
5. 사용하지 않을 때에는 냉장 보관하고 다시 사용할 때는 뚜껑을 열어 공기를 넣는다. 거품이 없으면 당분을 다시 넣고 실온에 둔다.

1 반죽하기

재료를 모두 섞고 10분 정도 치댄 다음 랩을 씌워 따뜻한 곳에서 두 배로 부풀린다.

2 분할하기

1을 주물러 가스를 빼고 적당한 크기로 분할해서 비닐을 씌워 놓는다.

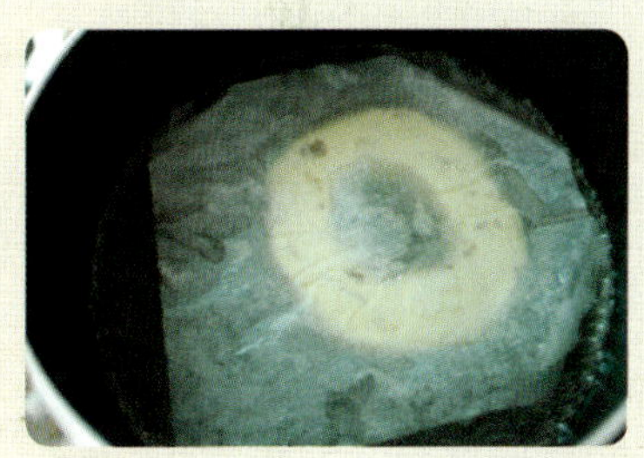

3 모양 만들기

비닐에서 하나씩 꺼내 길게 밀고 반죽의 끝은 서로 잘 꼬집어 붙여 베이글 모양을 만든 다음 유산지에 올려놓는다.

4 데치기

베이글이 촉촉하도록 냄비에 꿀을 한 스푼 넣고 끓인다. 그리고 유산지와 함께 베이글을 하나씩 넣고 앞, 뒤로 10~20초 정도 데친다.

5 굽기

190℃의 오븐에서 15~20분간 겉이 바삭하게 구워 식힌다.

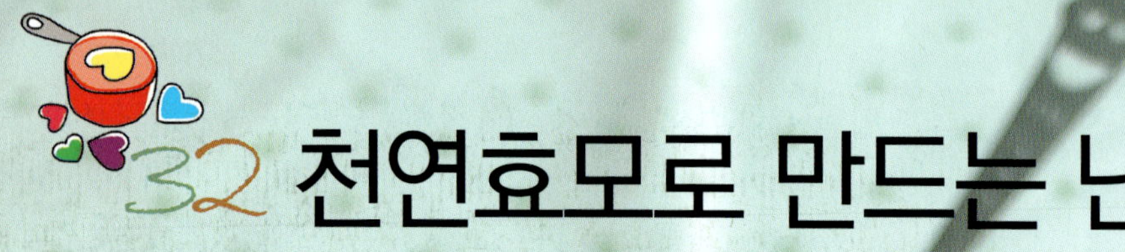

32 천연효모로 만드는 난

효모만 키워 놓으면 만들기도 아주 쉽다. 잘 구워진 난은 쫄깃하고 부드러우며 카레나 갈릭소스와도 잘 어울린다. 팬에 구우면 동그랗게 기포들이 올라와 부풀며 금방 구워진다. 인도 음식점에서 맛볼 수 있는 난을 천연효모로 만들어 보자.

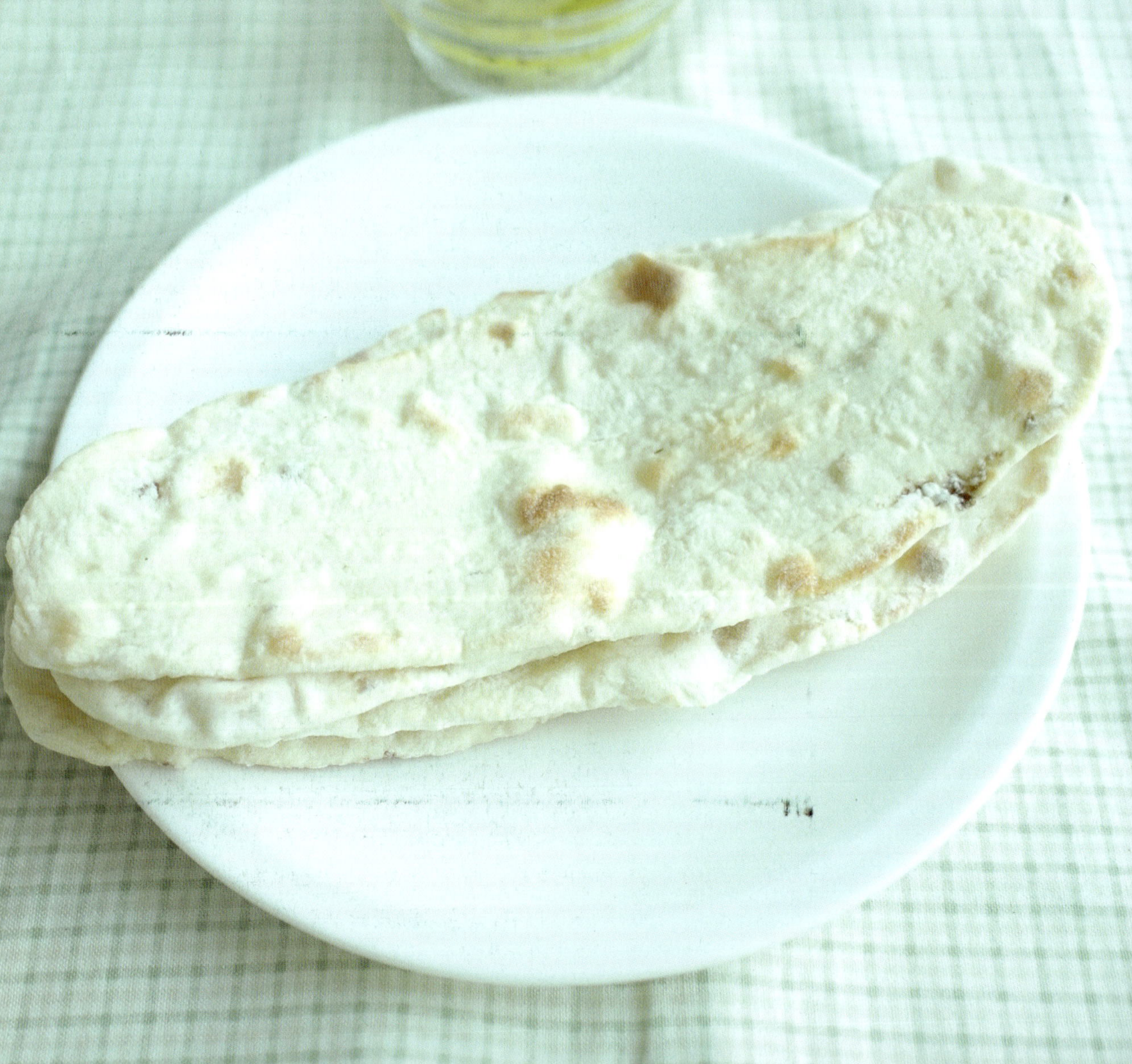

도구

프라이팬

재료

우리밀 100g

건포도 효모 55~60g

소금 ¼작은술

준비

1. 가루재료는 체에 내린다.

2. 건포도 효모를 키워 놓는다.

3. 재료를 모두 섞어 10분 정도 치댄 후, 따뜻한 곳에서 두 배로 부풀린다.

1 반죽하기

부풀린 반죽을 치대어 가스를 빼 놓는다.

2 분할하기

1을 적당한 크기로 분할해서 비닐을 씌워 놓는다.

3 모양 만들기

반죽의 끝을 잡아 당겨 길고 얇게 민다.

4 굽기

팬을 달군 다음 난을 넣고 불을 줄여 뚜껑을 덮고 앞, 뒤로 굽는다.

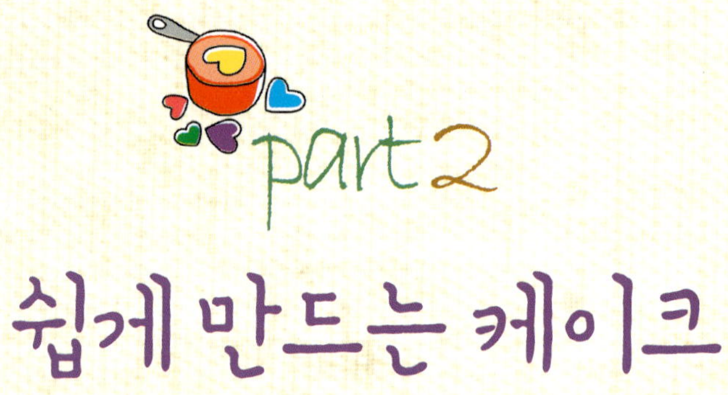

쉽게 만드는 케이크

케이크의 가장 기본이 되는 것은 밀가루이며 밀을 재배하기 시작한 고대에 케이크의 역사는 시작되었다. 처음 케이크의 형태를 갖추기 시작한 것은 셔벗으로 얼음에 꿀과 과일을 넣어 만들기 시작했으며 케이크란 단어는 13세기 때부터 쓰기 시작했는데 케이크에 달콤함을 더하고 생강이나 말린 과일을 넣어 여러 달 동안 보관도 가능했다고 한다.

케이크는 달콤함과 폭신함, 부드러운 식감으로 사람들에게 많은 사랑을 받아왔지만 사서 먹는 것보다 다양한 재료로 가정에서 간단히 만드는 방법을 생각해보았다. 웰빙이 대세인 요즈음 믿을 수 있는 좋은 재료로 케이크를 손수 만들어 보는 것은 어떨까.

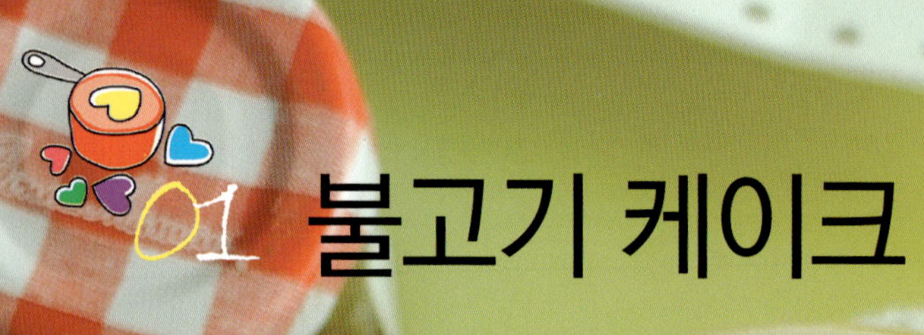

01 불고기 케이크

□ 175℃ □ 25분

간편하면서도 독특한 맛이 나는 케이크이다. 불고기가 들어갔기 때문에 식사로도 든든하며 어떤 음료와도 잘 어울린다. 케이크 속에 들어 있는 치즈가 늘어지는 느낌이 좋고 많이 달지 않아 더 좋은 케이크이다. 향신료 타임이나 오레가노 등을 조금 넣어 맛을 달리할 수 있다.

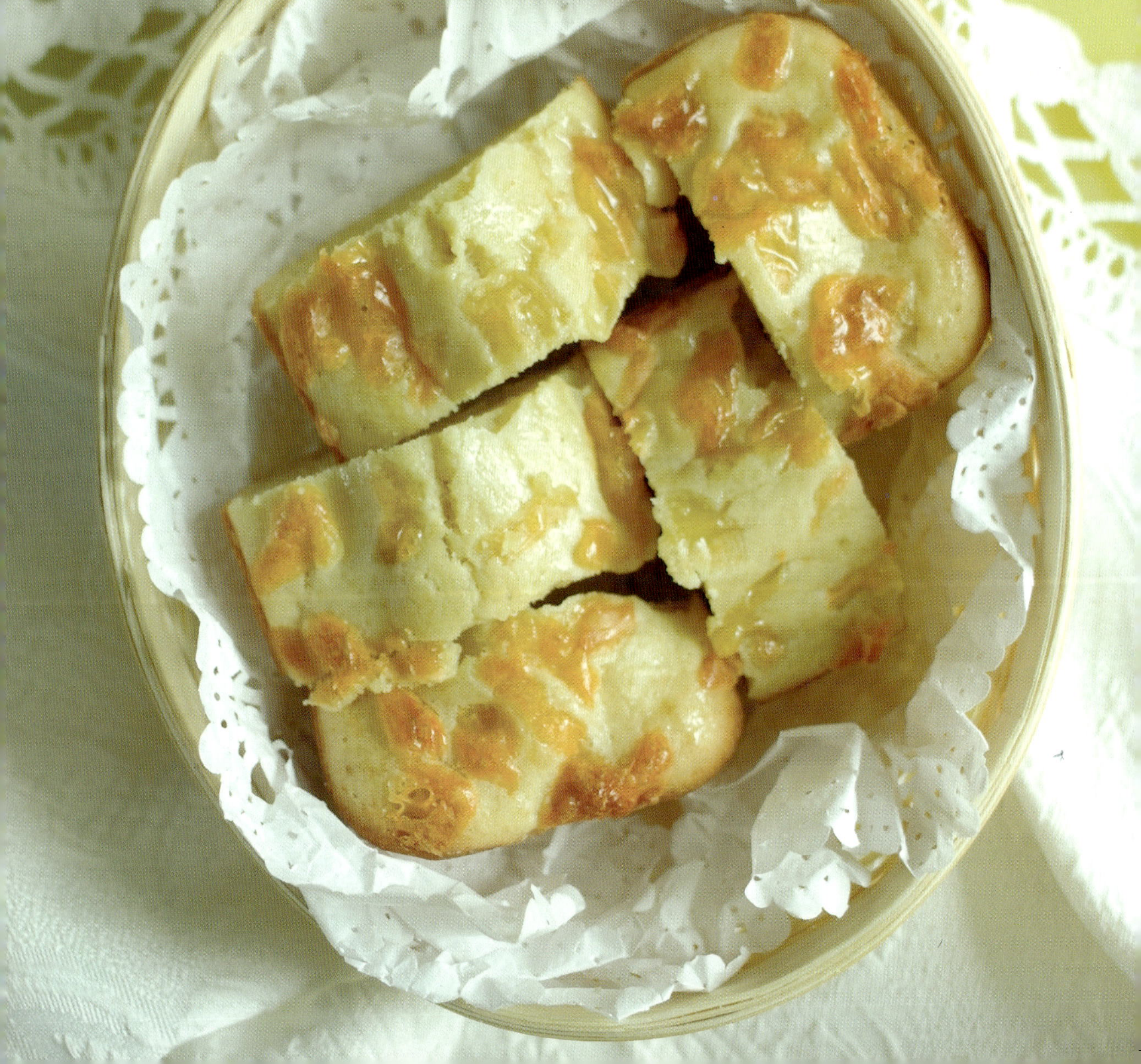

도구

15×10 파운드 틀

재료

박력분 100g
베이킹파우더 3g

달걀 2개
설탕 20g
두유 60g
소금 2g
카놀라유 40g
불고기 양념한 것 70g
피자치즈 50g

준비

1. 가루재료는 체에 내린다.
2. 불고기는 잘게 잘라 볶아서 식히
   고 국물이 없도록 한다.
3. 오븐은 175℃로 예열(5~10분)
   한다.

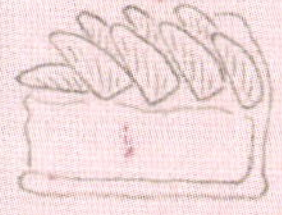

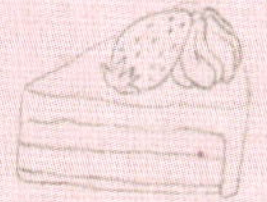

1 반죽하기

달걀을 잘 풀어서 설탕, 두유, 소금, 카놀라유를 고루 섞고 체에 내린 가루를 넣어 섞는다.

2 틀에 넣기

준비해 둔 틀에 〈반죽① 조금 → 불고기 볶은 것 → 치즈 조금 → 반죽① 나머지 → 치즈 나머지〉 순서로 넣는다.

3 굽기

175℃의 오븐에서 25분 정도 굽는다.

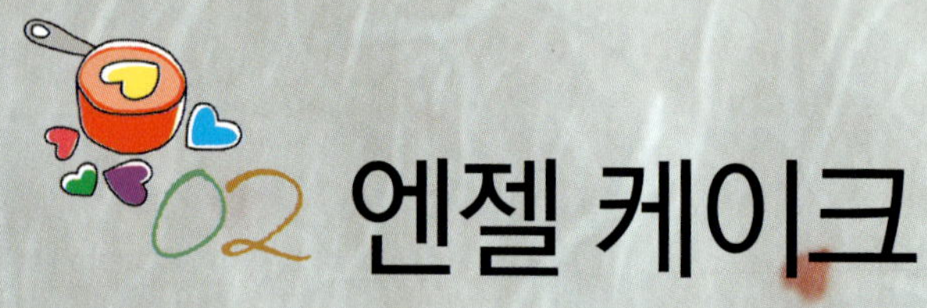

02 엔젤 케이크

하얗고 부드러운 케이크이다. 달걀흰자의 거품을 올려서 굽는데 얼마나 부드러우면 천사들의 케이크라고 이름 지었을까. 많은 재료가 들어가지 않으며 과정 또한 머랭을 올리는 것 이외엔 간단하다.

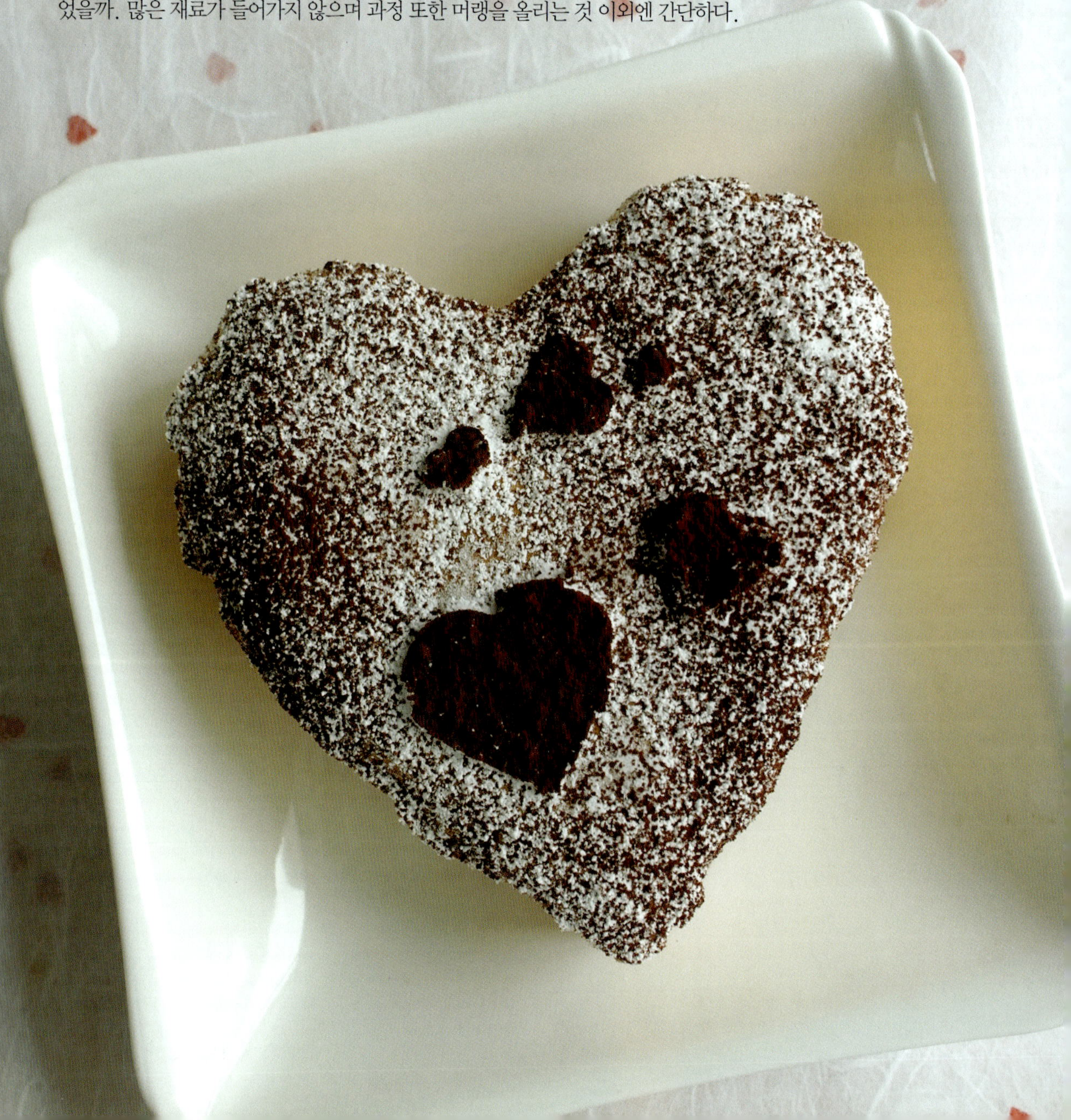

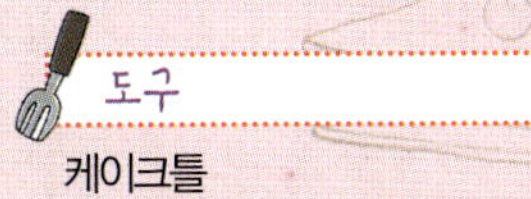

케이크틀

❶ 반죽

박력분 30g
슈거파우더 15g

❷ 머랭

달걀흰자 2개
설탕 20g

❸ 장식

슈거파우더 조금
과일 적당량

가루재료는 체에 내린다.

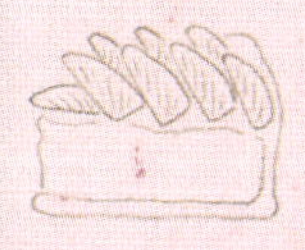

1 단단한 머랭 만들기(P27 참조)
달걀흰자로 거품을 내다가 설탕을 넣어 끝이 뾰쪽해지도록 단단하게 거품을 올린다.

2 반죽하기
머랭에 가루재료를 넣고 가볍게 섞는다.

3 틀에 넣고 굽기
반죽을 틀 테두리까지 꼼꼼하게 담고 210℃의 오븐에서 20분 정도 굽는다.

4 장식하기
구워지면 슈거파우더를 뿌리거나 과일 등으로 장식한다.

03 요거트 무스 케이크

무스 케이크에 요거트를 넣으면 달콤새콤한 맛이 더해지는데 레몬 또한 요거트와 잘 어울려서 맛의 조화를 이룬다. 이 케이크는 식감이 아주 부드러운데 입 안에서 잘게 자른 레몬이 살짝 씹히며 다른 재료들과 어울려 더욱 상큼하다. 거기다 향긋한 파인애플을 넣어 풍미를 더했다.

무스 케이크(Mousse Cake) : 크림이나 젤리에 거품을 일게 하여 설탕, 향료를 넣고 차게 한 디저트

도구
지름 18cm 원형 케이크틀 1개

재료

❶ 무스필링
우유 150g
젤라틴 가루 6g
달걀 2개
설탕 30g
요거트 150g
생크림 100g
레몬껍질 자른 것 20g
레몬즙 10g

❷ 파인젤리
파인애플주스 100g
젤라틴 가루 4g

준비

1. 우유에 젤라틴을 넣고 10분 정도 불린다.
2. 파인애플주스에 젤라틴을 넣고 10분 정도 불린다.
3. 레몬 껍질을 잘게 자른다.
4. 생크림은 거품 낸다. (P28 참조, 무스용이므로 80% 정도로 약간 묽게 거품을 낸다)

1 파인젤리 굳히기
케이크 틀에 준비해둔 젤라틴을 녹인 파인애플주스를 담아 냉장고에서 30분 정도 굳힌다.

2 무스 필링 재료 섞기
달걀을 풀어서 설탕을 섞고 준비해둔 젤라틴을 녹인 우유를 넣어 섞는다.

3 요거트 무스 필링 만들기
2에 요거트와 거품 낸 생크림, 레몬 껍질, 레몬즙을 섞어 요거트 무스 필링을 만든다.

4 요거트 무스필링 굳히기
냉장고에 넣어두었던 1의 틀에 3을 가득 채우고 냉동실에서 30분~1시간 정도 굳힌다.

5 틀에서 꺼내기
굳혀진 무스필링을 틀에서 꺼낸다.

04 견과 파운드 케이크

□ 175℃ □ 30분

견과를 넣고 케이크를 구우면 살짝 씹히는 견과의 고소한 맛이 일품이다. 주로 호두를 많이 쓰는데 취향에 따라 여러 가지를 혼합해서 넣기도 한다. 파운드 케이크는 주재료를 1파운드(450g)씩 넣고 만들었다고 해서 유래된 이름이라고 한다. 폭신한 파운드에 넉넉히 넣은 고소한 견과가 홈 메이드의 따스함을 느끼게 한다.

도구

18cm 파운드 틀 1개

재료

박력분 100g
베이킹파우더 3g

버터 90g
설탕 80g
달걀 2개
우유 20g
호두 50g
캐슈너트 50g
위에 뿌릴 견과류 15g
(캐슈너트는 갈고리처럼 휘어진 모양
을 하고 있는 견과류로, 다른 견과류
에 비해 조직이 부드럽고 달콤한 맛
이 난다.)

준비

1. 가루재료는 체에 두 번 내린다.
2. 달걀은 실온에 미리 꺼내 둔다.
3. 오븐은 175℃로 예열(5~10분)
   한다.
4. 파운드 틀에 유산지를 깐다.

1 호두 굽기

호두는 작게 잘라 160℃ 오븐에
서 5분 정도 굽는다.

호두를 너무 잘게 자르면
부스러기가 많아져 케이크
가 지저분해 보일 수 있다.

2 재료 섞기

먼저 버터와 설탕을 거품기로
섞는다. 그리고 달걀을 하나씩 넣고
잘 풀어준 다음 우유를 부어가며 골
고루 섞는다.

달걀을 미리 실온에 꺼내
두었다가 한 개씩 넣고 풀
어야 재료와 분리되지 않
고 잘 섞인다.

3 반죽하기

체에 내린 가루재료를 2에 넣
어 섞은 다음 구운 호두와 캐슈너트
를 넣고 고루 섞는다.

4 틀에 넣고 굽기

틀에 반죽을 넣고 위에 견과를
뿌린 다음 175℃의 오븐에서 30분
정도 굽는다.

05 피낭시에

아몬드 가루가 들어가 고소함이 더해진 피낭시에를 동그랗게 구워보았다. 피낭시에는 원래 금괴 모양으로 만들어 금융가에서 유행하던 과자인데 그런 이유로 영어로는 파이낸스라고 부르기도 하고 프랑스 사람들은 프리앙이라 고 한다. 윗면에는 코코아를 넣어 만든 브라운 반죽으로 마블 모양을 내고 견과로 장식하였다.

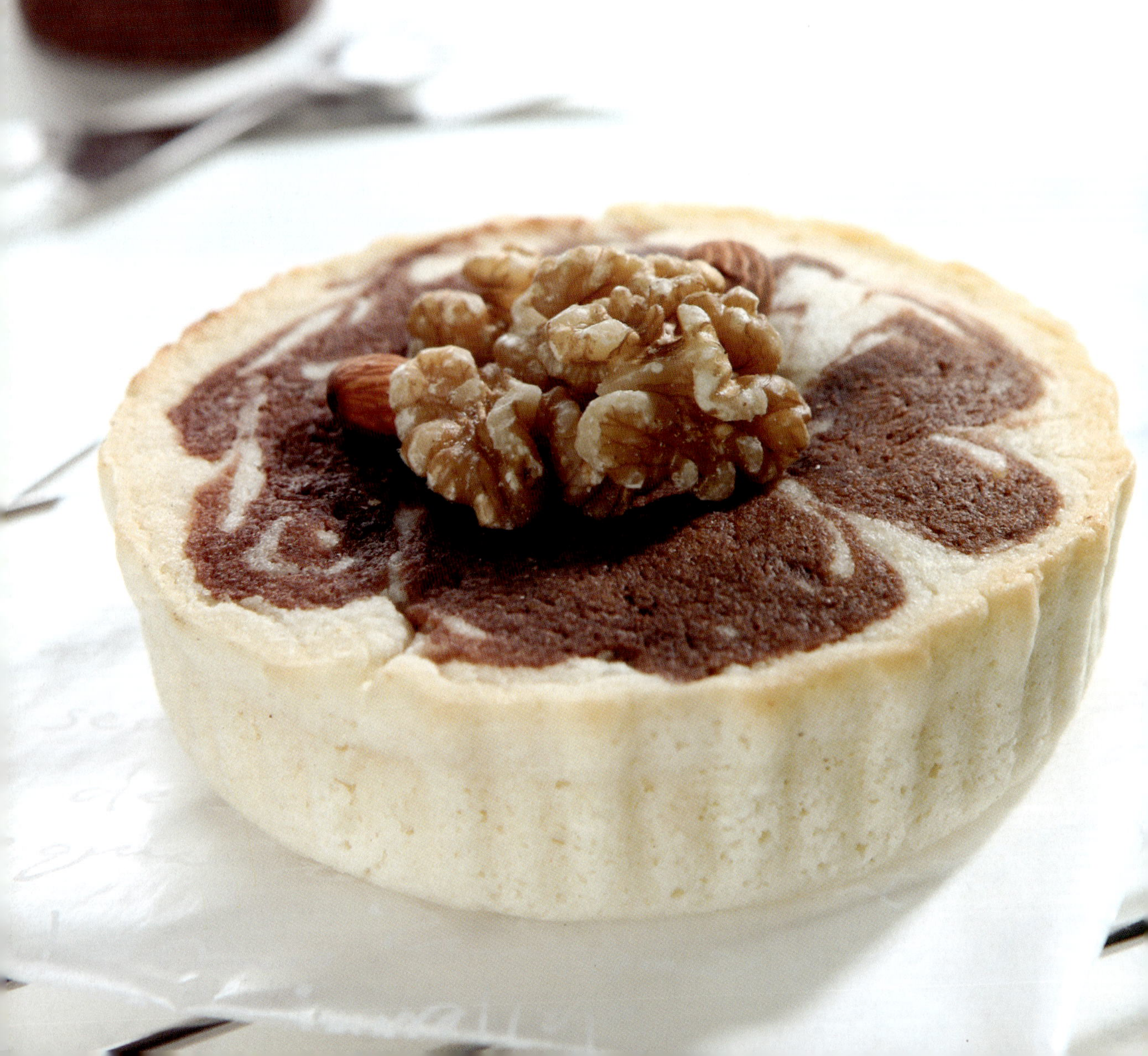

도구

원형 틀 10cm 2개

재료

박력분 50g
베이킹파우더 3g
아몬드가루 30g

달걀흰자 2개
설탕 50g
꿀 10g
버터 70g
코코아가루 2g
장식용 견과류 조금

준비

1. 가루재료를 체에 두 번 내린다.
2. 버터를 녹여 케이크 틀에 살짝 칠
   한다.
3. 오븐은 175℃로 예열(5~10분)
   한다.

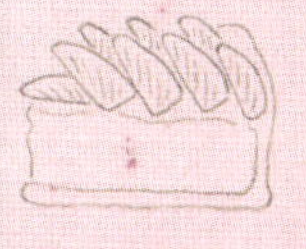

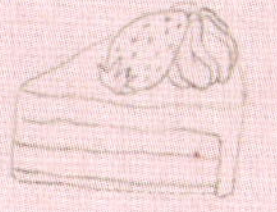

1 버터 녹이기
버터는 냄비에 넣고 약한 불에서 갈색이 날 정도로 녹인다.

2 달걀, 설탕, 꿀 섞기
달걀흰자, 설탕, 꿀을 넣고 거품기로 푼다.

3 반죽하기
2에 가루재료와 녹인 버터를 넣어 섞는다.

4 코코아 반죽하기
3을 20g만 따로 덜어서 코코아가루를 섞는다.

5 틀에 반죽 담아 굽기
틀에 흰 반죽을 담고, 가운데 부분에 코코아 반죽을 담은 후 나무꼬치로 곡선을 그린다. 그리고 175℃의 오븐에서 25분 굽는다.

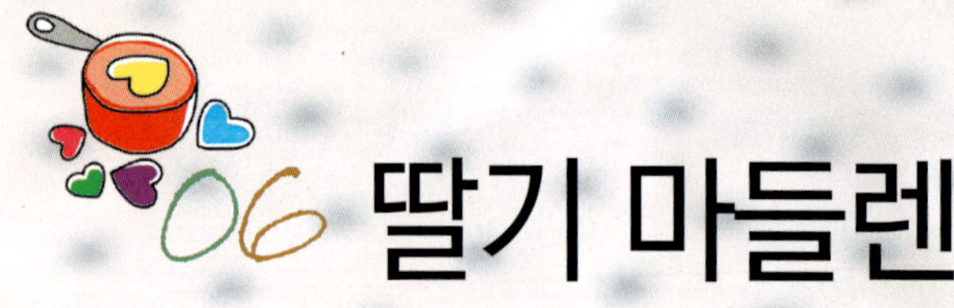

딸기 마들렌

□ 160℃ □ 20분

마들렌은 다쿠아즈와 함께 대표적인 머랭과자로 속은 매끄럽고 부드러우며 겉은 바삭하다. 딸기가루나 딸기 시럽을 만들어 사용하면 색이 예쁘게 잘 구워지며, 녹인 버터가 들어가서 촉촉하다. 작게 구운 조가비 모양이 사랑스러운 케이크이다.

머랭과자 : 설탕과 달걀흰자를 살짝 구워 만든 껍질에 크림(Cream)을 넣은 과자

도구

조가비 모양틀 15개분

재료

박력분 100g
베이킹파우더 1작은술

달걀 2개
설탕 100g
딸기가루 적당량
녹인 버터 100g

준비

1. 가루재료는 체에 두 번 내린다.
2. 오븐은 160℃로 예열(5~10분) 한다.
3. 마들렌 틀에 녹인 버터를 바른다.

1 달걀 거품내기

달걀을 풀어 설탕과 섞고 풍성한 거품이 날 때까지 거품기로 젓는다.

2 가루재료 섞기

체에 내린 가루재료와 딸기가루를 거품 낸 달걀에 섞어 반죽한다.

3 버터 끓이기

냄비에 버터를 넣고 약한 불에서 갈색이 날 정도로 끓여 식힌다.

4 반죽에 버터 섞기

2의 반죽에 끓인 버터를 섞은 다음 냉장고에 넣어둔다.

재료가 안정화되도록 30분 정도 냉장고에 넣어두면 구웠을 때 모양과 맛이 더 좋아진다.

5 틀에 부어 굽기

반죽을 틀에 담고 160℃ 오븐에 넣어 20분 정도 굽는다.

딸기 시럽을 넣으면 더 고운 색의 마들렌이 되며 굽는 온도가 높으면 겉은 갈색, 속은 딸기색인 마들렌이 된다.

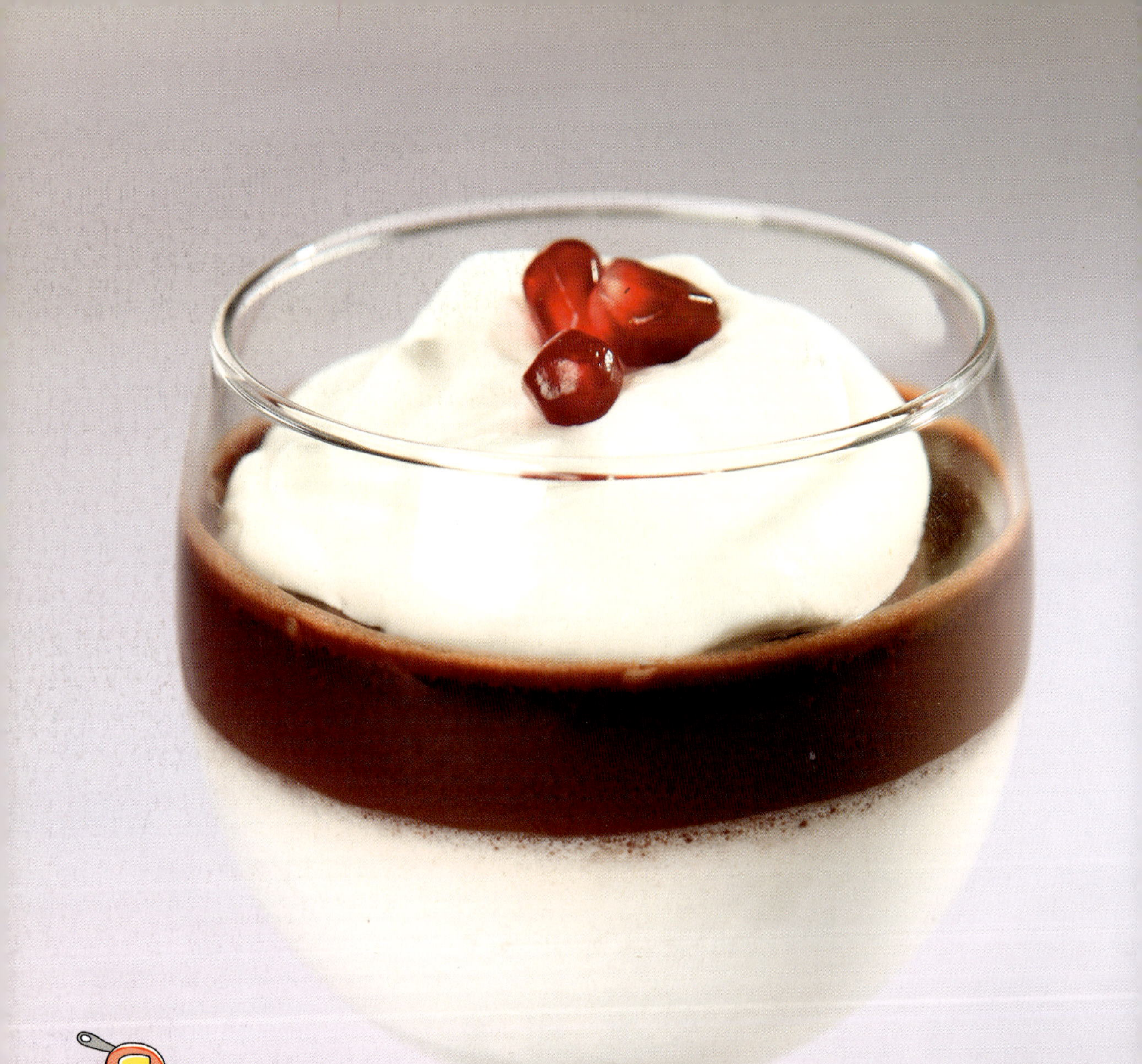

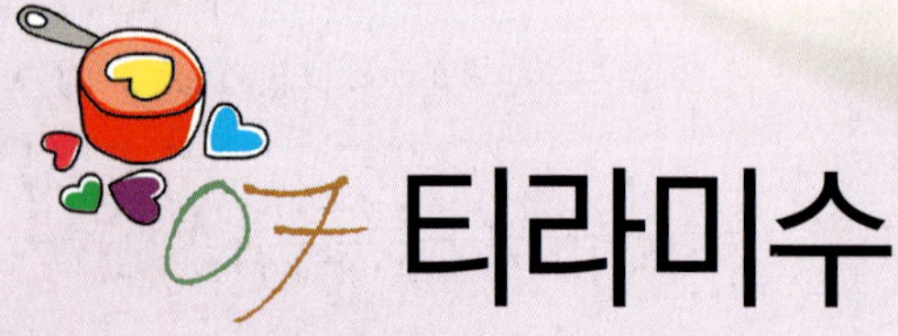

07 티라미수

티라미수는 먹으면 기분이 좋아진다는 뜻의 이탈리아 대표 디저트인데, 그건 아마 커피를 많이 넣고 만들어 짜릿한 달콤함과 초콜릿, 커피향을 동시에 맛볼 수 있어서가 아닐까. 여기서 소개하는 티라미수는 두부를 넣어 만드는 자연식 티라미수이다. 컵에 따로 담지 않고 하나의 그릇에 넣어 만들 수도 있다.

도구

컵 2~3개

재료

❶ 반죽
두부 140g
아가베 시럽 60g
카놀라유 7g
레몬즙 30g
두유 40g
한천가루 2g

❷ 필링
코코아가루 4g

❸ 토핑
요거트 60g

준비

두유에 한천가루를 넣고 10분 정도
불린다.

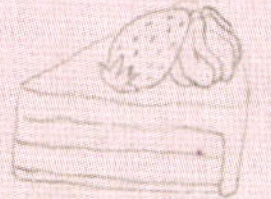

1 두부 갈기
두부, 아가베 시럽, 카놀라유를
한데 섞어 믹서에 곱게 간다.

2 한천 섞기
1에 한천가루를 녹인 두유와
레몬즙을 섞는다.

3 컵에 재료 담기
티라미수 컵에 2를 ⅓만 담고
냉장고에 넣어 20분 정도 굳힌다.

4 코코아 필링 만들기
남은 반죽으로 코코아가루를
섞은 다음 3 위에 올려서 다시 굳
힌다.

5 요거트 올리기
맨 위에 요거트를 적당히 올려
서 장식한다.

초코 가나슈 케이크

가나슈는 실수로 초콜릿에 생크림을 엎지른 것이 계기가 되어 만들어졌다는 재미있는 이야기가 있다. 생크림이 들어갔기 때문에 초콜릿보다 부드럽고 초콜릿처럼 굳지도 않아서 케이크 위에 뿌리거나 초콜릿의 속 재료로 많이 쓰인다. 여기서는 가나슈를 초코 케이크의 겉면을 코팅하는 데 사용하였다. 가나슈가 마르기 전에 과일이나 견과류를 올려 장식할 수 있다.

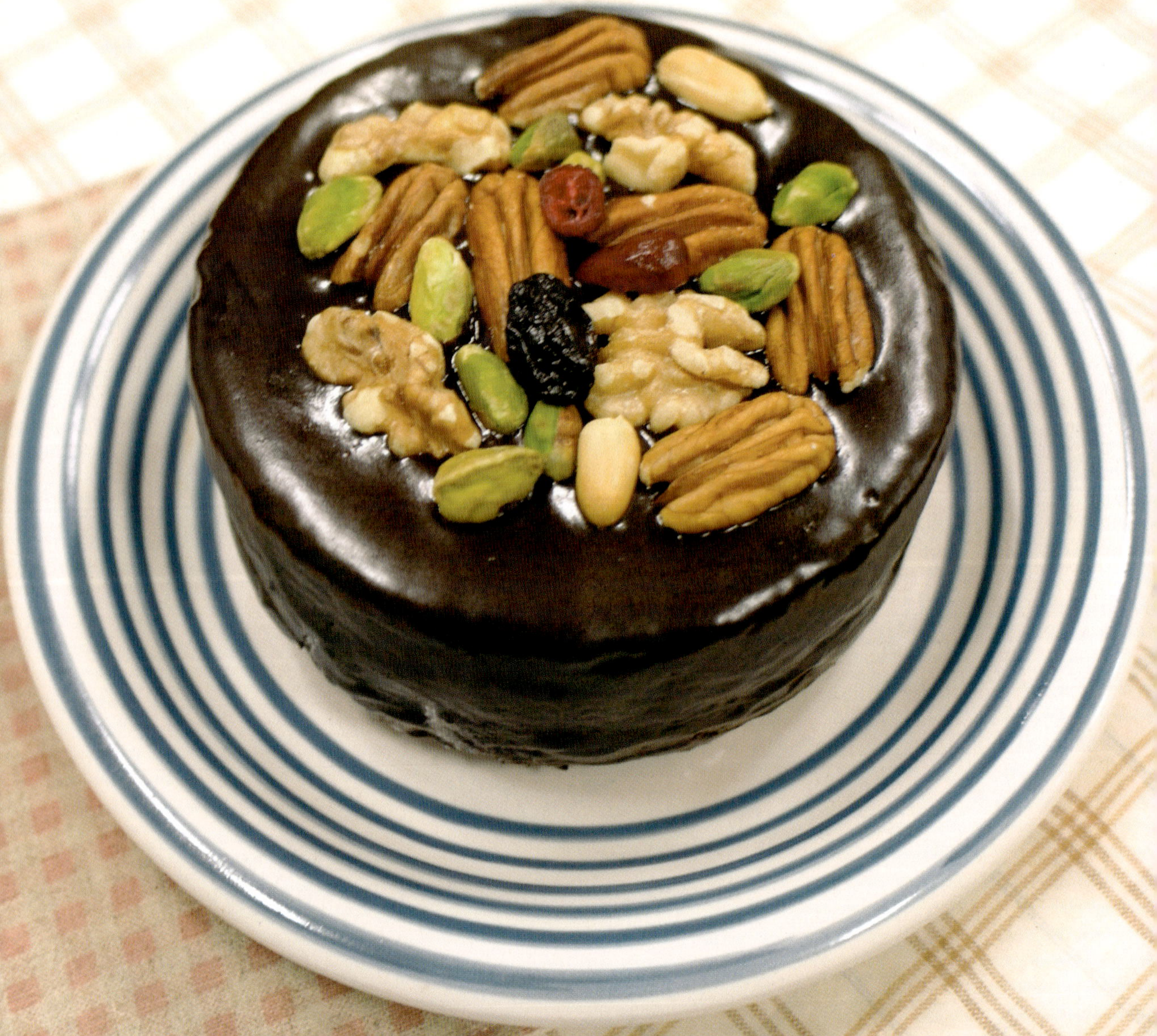

도구

18cm 파운드 틀 1개

재료

❶ 반죽

박력분 130g
코코아가루 20g
베이킹파우더 2g

달걀 2개
녹인 버터 100g
설탕 70g
다크초콜릿 50g
생크림 요거트 100g

❷ 가나슈
다크초콜릿 50g
생크림 50g

❸ 토핑
견과류 조금

준비

1. 가루재료는 체에 두 번 내린다.
2. 오븐은 175℃로 예열(5~10분)
　 한다.

1 재료 섞기
　녹인 버터에 설탕을 섞은 다음 달걀을 풀어서 여러 번 나눠 넣으며 섞는다.

2 초콜릿 섞기
　초콜릿을 중탕으로 녹여 1에 넣고 골고루 섞는다.

3 반죽하기
　2에 생크림 요거트와 체에 내린 가루재료를 넣고 골고루 섞어 반죽한다.

4 오븐에 굽기
　케이크 틀에 반죽을 채운 다음 175℃의 오븐에서 30분 정도 굽는다.

5 초코 가나슈 입히기
　생크림을 뜨겁게 데워 초콜릿을 넣고 녹인 다음 충분히 식힌 케이크 위에 붓는다. 그리고 위에 견과류를 올려 장식한다.

오븐 없이 만드는 치즈 케이크

고소하고 새콤한 크림치즈는 여러 용도로 쓸 수 있는데 케이크 반죽에 섞어서 굽거나 냉장고에 넣어서 굳히는 무스 반죽에 많이 활용한다. 이 케이크는 오븐에 굽지 않고 만드는 치즈 케이크이다. 크림치즈에 요거트를 넣고 과일이나 주스 등을 넣어 다양한 맛의 케이크를 굽지 않고 만들 수 있다.

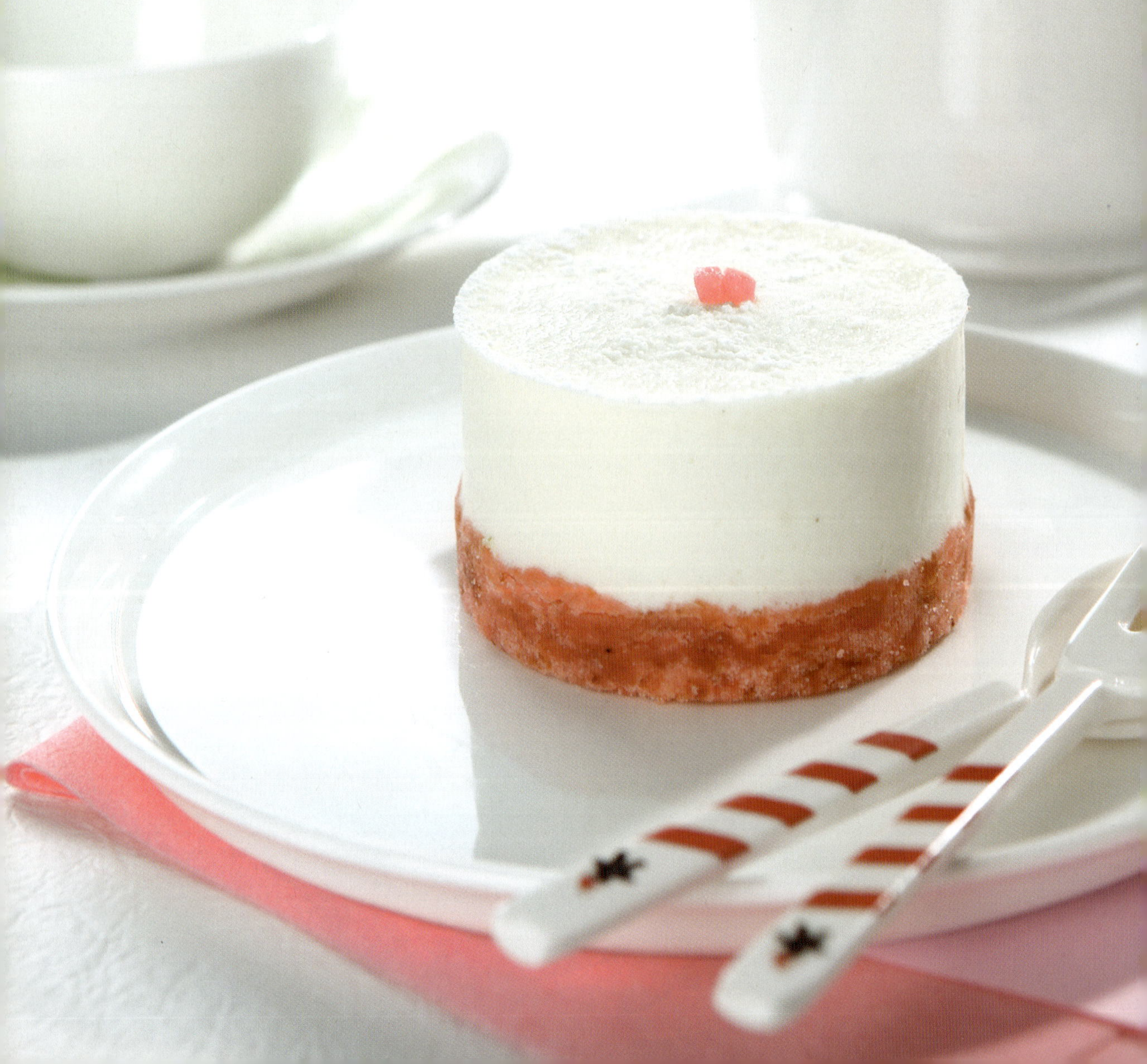

도구

지름 5cm 틀 3개분

재료

❶ 바닥지

쿠키 40g

녹인 버터 20g

❷ 필링

크림치즈 70g

설탕 20g

플레인 요거트 60g

레몬즙 7g

생크림 50g

판 젤라틴 2g

준비

1. 크림치즈는 실온에 꺼내 둔다.
2. 생크림은 거품 낸다.
3. 판 젤라틴은 찬물에 담가 10분 정도 불린 후 꼭 짜서 중탕으로 녹인다.

1 케이크 바닥지 만들기

비닐봉지에 쿠키를 넣고 밀대로 밀어 부순다.

2 녹인 버터와 골고루 섞어 케이크 틀에 고르게 넣은 다음 냉장고에서 30분 동안 굳힌다.

3 크림치즈 필링 만들기

실온의 크림치즈를 거품기로 풀고 설탕, 플레인 요거트를 섞는다.

4 젤라틴 섞기

녹인 젤라틴을 크림치즈 필링에 넣고 섞는다.

5 생크림, 레몬즙 섞기

3에 레몬즙과 생크림을 넣어 골고루 섞는다.

6 무스 틀에 반죽 채우기

2에 5를 가득 부어 윗면을 반듯하게 정리하고 냉동실에서 굳힌다.

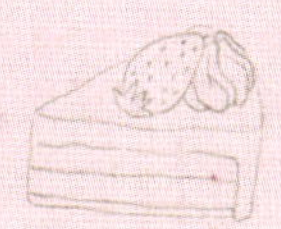

초코 파운드 케이크

파운드 케이크에 다크초콜릿이 들어가서 향과 맛이 특별한 케이크이다. 생크림을 넣어 고소한 감칠맛을 더했다. 코코아가루는 다크초콜릿과 같이 사용하여 구우면 색도 진해지고 케이크에 깊은 맛을 살릴 수 있다. 초콜릿의 쌉쌀함을 즐기려면 몇 퍼센트 함량의 초콜릿인지 구입할 때 꼭 확인한다.

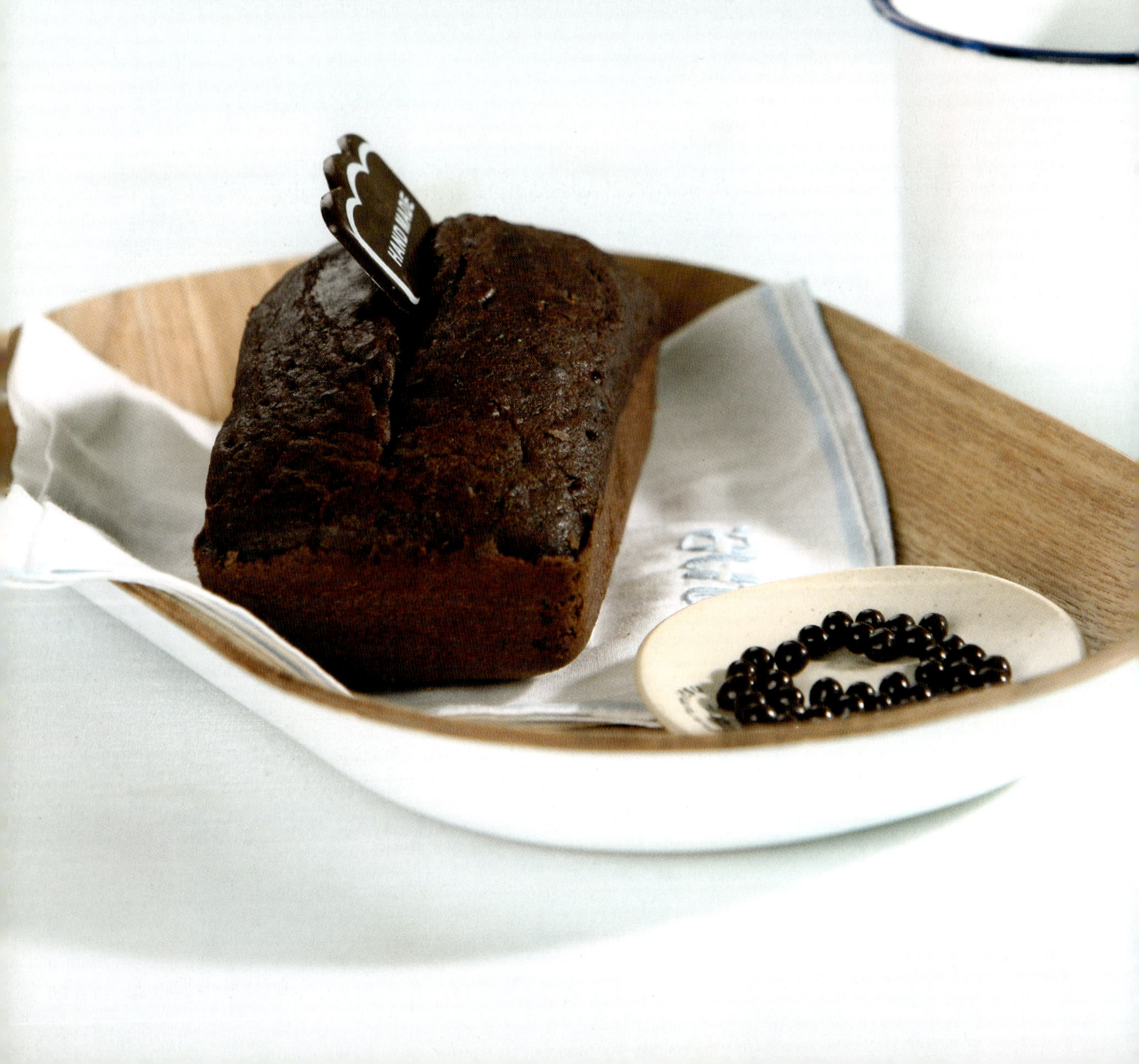

도구

20cm 파운드 팬 1개

재료

박력분 130g
코코아가루 20g
베이킹파우더 4g

버터 90g
설탕 70g
달걀 2개
다크초콜릿 60g
생크림 80g
소금 ¼작은술

준비

1. 가루재료는 체에 두 번 내린다.
2. 오븐은 175℃로 예열(5~10분)
   한다.
3. 파운드 틀에 유산지를 깐다.

1 버터와 설탕 섞기

버터에 설탕을 넣고 고르게 섞는다.

2 달걀 섞기

실온에 꺼내 둔 달걀을 풀어서 1을 넣고 섞는다.

3 초콜릿 녹이기

초콜릿을 중탕하여 녹이고 2에 넣어 골고루 섞는다.

4 반죽하기

생크림을 3에 넣고 골고루 섞은 다음 체에 내린 가루재료와 소금을 넣어 반죽한다.

초콜릿을 비닐에 넣고 전자레인지에 녹이는 방법도 있다. 단, 생각보다 금방 녹으므로 전자레인지에 돌릴 때는 중간중간 확인하도록 한다.

5 오븐에 굽기

완성된 반죽을 파운드 틀에 채우고 175℃ 오븐에 넣어 30분 정도 굽는다.

바나나 초코 파운드 케이크

□ 175℃ □ 30분

파운드 케이크에 다크초콜릿과 신선한 과일이 어울려 맛을 더했다. 바나나의 촉촉함이 폭신한 초코 파운드 케이크를 더욱 더 부드럽게 한다. 달콤한 초코 가나슈와 함께 진한 초콜릿의 감동을 느낄 수 있는 초코 파운드 케이크이다.

도구

18cm 원형 파운드 팬 1개

재료

❶ 반죽

박력분 130g
코코아가루 20g
베이킹파우더 4g

버터 90g
설탕 70g
달걀 2개
다크초콜릿 60g
생크림 80g
소금 ¼작은술

❷ 가나슈
초콜릿 50g
생크림 50g

❸ 토핑
바나나 2개

준비

1. 다크초콜릿은 전자레인지에 녹을 정도로만 돌린다.
2. 가루재료는 체에 두 번 내린다.
3. 오븐은 175℃로 예열(5~10분) 한다.

1 버터와 달걀 섞기

실온에 꺼내 둔 버터에 설탕을 섞은 다음 달걀을 풀어서 조금씩 넣어가며 거품기로 섞는다.

2 가루 섞기

1에 녹여둔 다크초콜릿과 생크림, 소금, 체에 내린 가루를 넣고 섞는다.

3 오븐에 굽기

반죽을 파운드 틀에 넣고 170℃ 오븐에서 30분 정도 구운 후 식힌다.

4 케이크 시트 준비하기

구워둔 케이크는 식혀서 가로로 반을 갈라 2장으로 나눈다.

5 초코 가나슈 만들기

생크림을 끓기 직전까지 데운 다음 초콜릿을 넣고 녹인다.

6 가나슈와 바나나 올리기

두 장의 시트 사이에 초코 가나슈와 자른 바나나를 차례로 올린다.

오렌지 무스 케이크

□ 냉장 1시간

'무스'란 프랑스어로 '부풀리다'라는 뜻인데 무스 케이크는 거품처럼 부드럽고 가벼우며 차가운 크림 상태의 케이크를 말한다. 오렌지의 단면을 이용해서 모양을 내었으며 주스와 함께 굳혔다. 오렌지 젤리 무스와 부드러운 생크림이 입안에서 사르르 녹아내리는 달콤한 케이크이다. 상큼한 오렌지를 촉촉한 케이크와 함께 먹는 맛이 특별하다.

도구

10cm 원형틀 1개

재료

❶ 오렌지 무스

오렌지주스 50g

젤라틴 2g

설탕 10g

단면으로 자른 오렌지 1장

❷ 생크림 필링

생크림 30g

크림치즈 10g

설탕 10g

레몬즙 5g

젤라틴 1g

❸ 케이크 시트

지름 10cm 케이크 시트 2장 분량,

만드는 법 P29 참조

준비

1. 오렌지주스에 젤라틴과 설탕을
   넣어 녹인다.
2. 레몬즙에 젤라틴 1g을 섞어 녹여
   둔다.

1 젤리 만들기

젤리 틀에 잘라둔 오렌지를 담고 그 위에 젤라틴을 녹인 오렌지 주스를 부어 냉장고에 넣고 30분 동안 굳힌다.

2 생크림 필링 만들기

생크림에 크림치즈와 설탕, 레몬즙에 녹인 젤라틴을 섞어 생크림 필링을 만든다.

3 생크림 필링 채우기

1 위에 2를 붓고 냉장고에 넣어 30분~1시간 정도 굳힌다.

4 케이크 시트에 생크림 바르기

준비한 케이크 시트 위에 생크림을 바르고 그 위에 케이크 시트를 한 장 더 놓은 후 생크림을 바른다.

5 오렌지 무스 틀에서 빼기

굳힌 젤리 틀을 뜨거운 타월로 감싸고 뒤집어서 오렌지 무스를 뺀다.

6 오렌지 무스 올리기

케이크 시트 위에 바른 생크림 위에 오렌지 무스를 올려 완성한다.

13 고구마 케이크

고구마 케이크에 두부와 두유를 넣고 반죽을 해서 구웠다. 이 레시피는 칼로리가 적으며 폭신한 케이크 속에 노랗고 달콤한 고구마가 들어 있어 보기에도 좋은 케이크이다. 위에 슈거파우더를 뿌렸는데 아몬드와 함께 구우면 바삭하고 고소하다. 고구마는 케이크를 달콤하게도 하지만 부드럽고 촉촉하게도 한다.

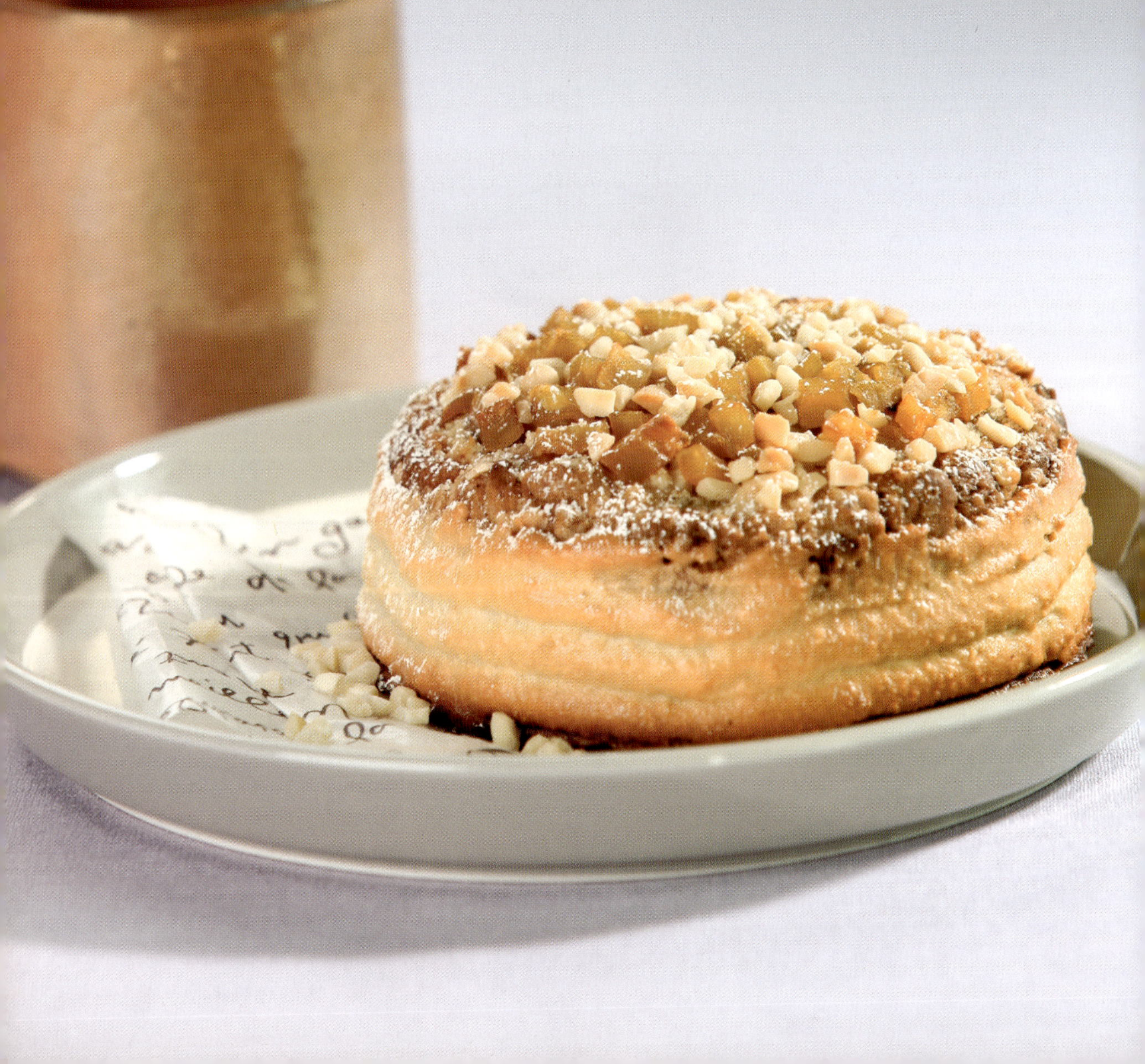

도구

18cm 파운드 틀 1개

재료

❶ 반죽

박력분 60g
베이킹파우더 3g

고구마 100g
달걀 1개
설탕 60g
두부 25g
두유 80g
올리고당 30g
카놀라유 20g

❷ 토핑

장식용 고구마 10g
다진 아몬드 5g
슈거파우더 적당량

준비

1. 가루재료는 체에 두 번 내린다.
2. 오븐은 170℃에서 예열(5~10분)한다.
3. 파운드 틀에 종이를 깐다.
4. 두부와 두유는 곱게 간다.

1 고구마 자르기

고구마를 0.5cm 두께로 썰어 전자레인지에 넣고 20초 정도 돌려서 살짝 익힌다.

2 달걀과 설탕 섞기

달걀을 풀어서 설탕을 넣고 고루 섞는다.

3 재료 섞기

2에 두부와 두유 간 것을 섞고 올리고당과 카놀라유를 넣는다.

4 반죽하기

고구마를 장식용은 조금 남겨 두고 3에 넣어 가루재료와 섞고 반죽을 한다.

5 파운드 틀에 반죽 붓기

완성된 반죽을 파운드 틀에 넣는다.

6 오븐에 굽기

반죽 위에 장식용 고구마와 다진 아몬드, 슈거파우더를 뿌리고 170℃의 오븐에서 25분 정도 굽는다.

구운 케이크에 아몬드가루와 버터, 슈거파우더를 섞어 만든 아몬드크림을 옆면에 바르고 180℃의 오븐에서 5분 정도 더 구워 고소한 맛을 더할 수도 있다.

14 촉촉한 치즈 케이크

치즈 케이크는 가벼운 듯하면서도 풍부한 질감이 있다. 달면서도 새콤해 단 것을 싫어하는 사람들도 부드러운 맛에 빠져드는 케이크이다. 한번 먹어 보면 크림치즈의 진한 맛이 오랫동안 기억되어 다시 찾게 되는 케이크이다. 높지 않은 온도에서 찌듯이 오래 구워야 케이크가 부드럽다.

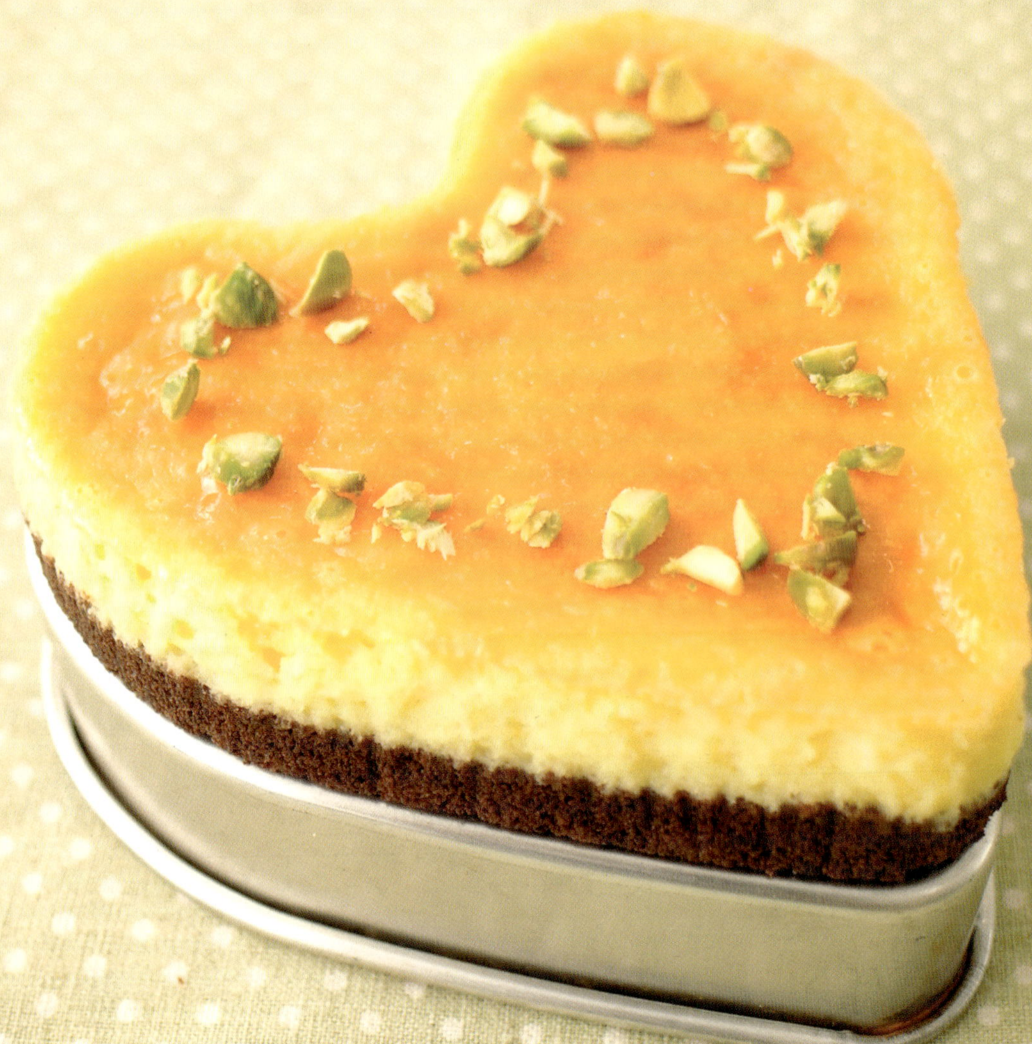

도구

15cm 하트 틀 1개

재료

❶ 바닥지

쿠키 50g

녹인 버터 20g

❷ 반죽

크림치즈 120g

설탕 20g

달걀 1개

우유 75g

전분 20g

럼주 ½큰술

바닐라 농축액 조금

❸ 토핑

살구잼 적당량

준비

1. 케이크 틀에 유산지를 깐다.

2. 크림치즈는 실온에 꺼내 둔다.

3. 오븐은 160℃로 예열(5~10분) 한다.

1 바닥지 만들기

쿠키를 밀대로 밀어 부순 다음 녹인 버터와 골고루 섞어 케이크 틀에 눌러 담고 냉장고에 넣어 30분 정도 굳힌다.

2 크림치즈 풀기

실온에 꺼내두어 말랑해진 크림치즈를 거품기로 부드럽게 풀어 놓는다.

3 반죽하기

2에 설탕을 섞고 달걀을 나누어 넣으면서 풀어주고 우유를 부어 골고루 섞는다.

4 전분 섞기

체에 내린 전분과 럼주, 바닐라 농축액을 3에 넣고 섞는다.

5 케이크 틀에 반죽 넣기

케이크 틀에 반죽을 70% 정도 넣는다.

6 찌듯이 굽기

오븐 팬에 물을 붓고 케이크 틀을 올려서 160℃ 오븐에서 1시간 정도 굽는다. 구워진 후 윗면에 살구잼을 살짝 바르고 적당히 장식한다.

15 녹차 시폰 케이크

시폰 케이크의 '시폰'은 '비단'이라는 뜻을 가진 프랑스어 시퐁(Chiffon)이라는 단어에서 온 말이라고 한다. 케이크의 부드러움이 마치 비단결과 같다고 해서 붙여진 이름인 것 같다. 시폰 틀은 가운데에 구멍이 있어 오븐의 열이 그 속으로 들어가 케이크가 골고루 익게 된다. 미리 정해진 온도로 예열을 충분히 해서 구워야 폭신하게 잘 구울 수 있다.

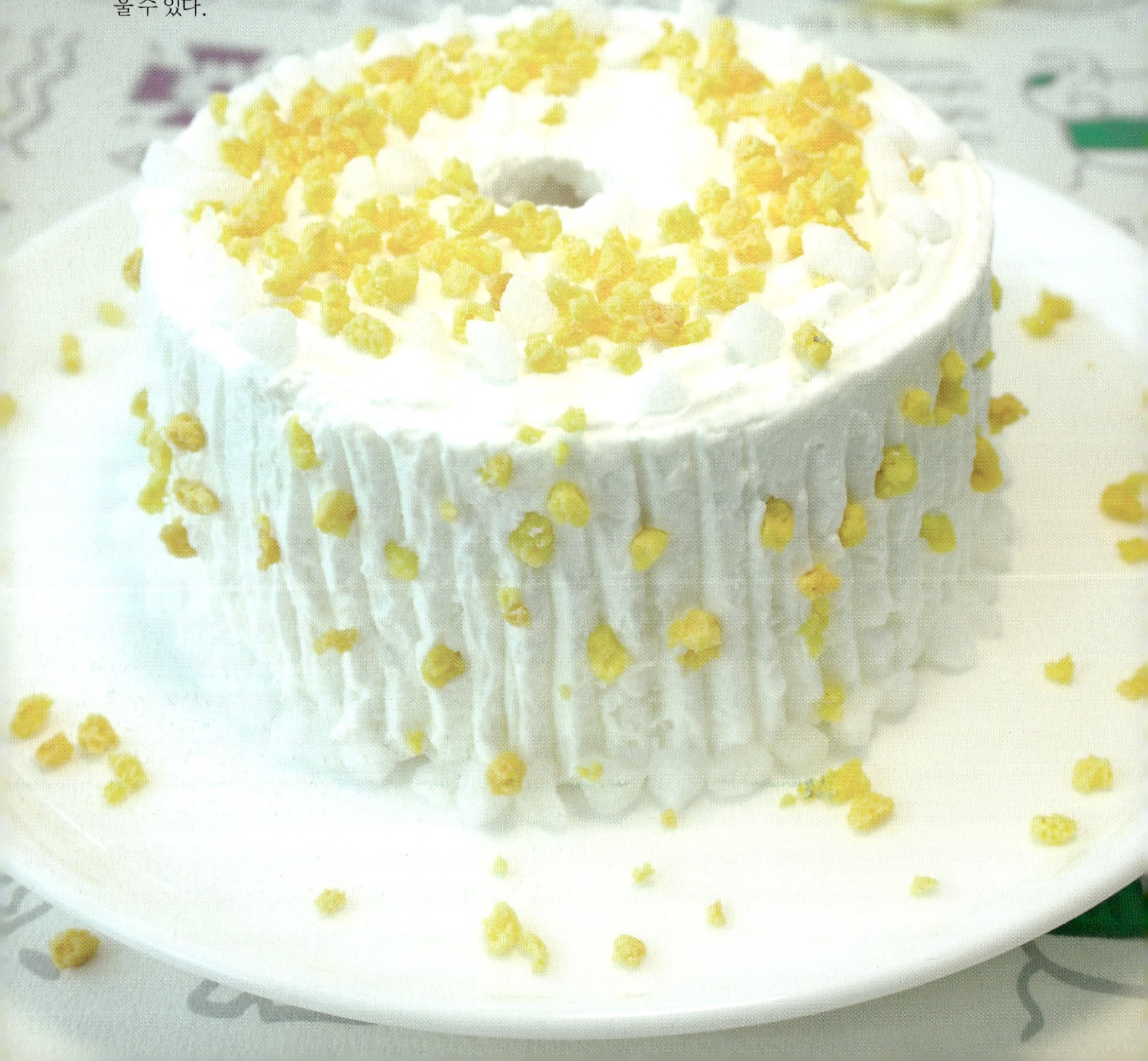

도구

18cm 시폰 틀 1개

재료

❶ 반죽

박력분 70g
전분 10g
녹차가루 5g
베이킹파우더 3g

달걀노른자 3개
설탕 50g
우유 25g
카놀라유 60g
바닐라 농축액 조금

❷ 머랭
달걀흰자 3개
설탕 40g

❸ 크림
생크림 50g
설탕 10g

❹ 토핑
쿠키 가루 조금

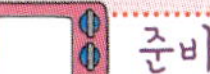

준비

1. 가루재료는 체에 두 번 내린다.
2. 달걀흰자와 설탕을 이용해 머랭을 만든다.
3. 오븐은 160℃로 예열(5~10분)한다.

1 반죽하기

달걀노른자에 설탕을 넣고 거품을 낸 다음 우유와 카놀라유, 가루 재료를 넣고 골고루 섞어 반죽을 만든다.

2 머랭 섞기

준비한 머랭을 반죽에 여러 번 나누어 넣어가며 거품이 꺼지지 않도록 살살 섞고 바닐라 농축액도 섞는다.

3 틀에 반죽 담기

시폰 틀에 분무기로 틀과 케이크가 잘 분리되도록 물을 뿌린 다음 준비한 반죽을 담고 작업대에 살짝 내리쳐 공기를 뺀다.

4 오븐에 굽기

틀에 담은 반죽을 160℃ 오븐에 넣어 40분 정도 구운 다음 작업대에 뒤집어 놓고 한 김 식힌다.

5 생크림 휘핑하기

생크림에 설탕을 넣고 휘핑해 단단하게 거품을 낸다.

6 장식하기

휘핑한 생크림은 케이크의 옆면과 윗면에 한 겹 골고루 바른 다음 그 위에 덧바르며 무늬를 입히고 쿠키가루를 뿌린다.

16 파인애플 케이크

□ 175℃ □ 30분

케이크 반죽에 파인애플을 넣었다. 코코넛은 가루로 된 것을 넣었는데 향긋한 파인애플의 달콤함과 살짝 씹히는 코코넛가루의 식감이 잘 어울린다. 파인애플을 케이크에 넣고 구울 때 그 향이 정말 진하게 느껴진다. 노랗고 맛 있는 파인애플을 케이크에 듬뿍 넣어 맛있고 색이 예쁜 케이크를 만들어 보자.

도구

15cm 파운드 틀

재료

❶ 케이크 시트
박력분 60g
슈거파우더 10g
버터 50g

❷ 파인애플 반죽
중력분 20g
코코넛가루 20g
달걀 1개
설탕 50g
파인애플 100g

준비

1. 박력분은 체에 내린다.
2. 오븐은 175℃로 예열(5~10분)
   한다.
3. 파운드 틀에 종이를 깐다.

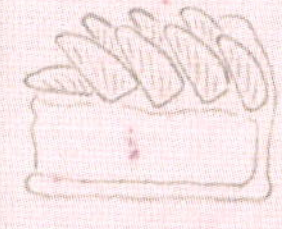

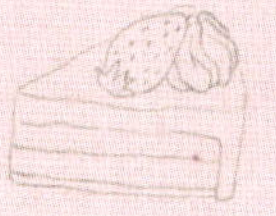

1 케이크 시트 반죽하기
박력분과 버터, 슈거파우더를
푸드 프로세서에 넣고 돌린다.

2 케이크 시트 굽기
반죽을 한 덩어리로 만들어 밀
어서 틀에 넣고 175℃의 오븐에서
10분 동안 굽는다.

3 파인애플 자르기
파인애플의 껍질을 벗기고 속
을 잘라서 적당히 자른다.

4 반죽하기
달걀과 설탕을 섞은 다음 중
력분, 코코넛가루, 3을 넣고 섞어서
반죽을 완성한다.

5 틀에 파인애플 반죽 넣기
구워 놓은 케이크 시트 위에 4
를 붓는다.

6 오븐에 굽기
175℃의 오븐에서 30분 정도
굽는다.

17 카스텔라

오래된 이야기지만 우리나라에 케이크는 카스텔라 한 종류밖에 없을 때가 있었다. 그래서 누구나 알고 좋아하는 케이크 종류이기도 하다. 부드러운 케이크의 대명사인 카스텔라는 스페인의 카스티야라는 지방의 보존식량에서 유래되었다. 달걀의 거품을 살려서 구워 가볍고 부드러우며 꿀을 넣어서 촉촉함을 더했다.

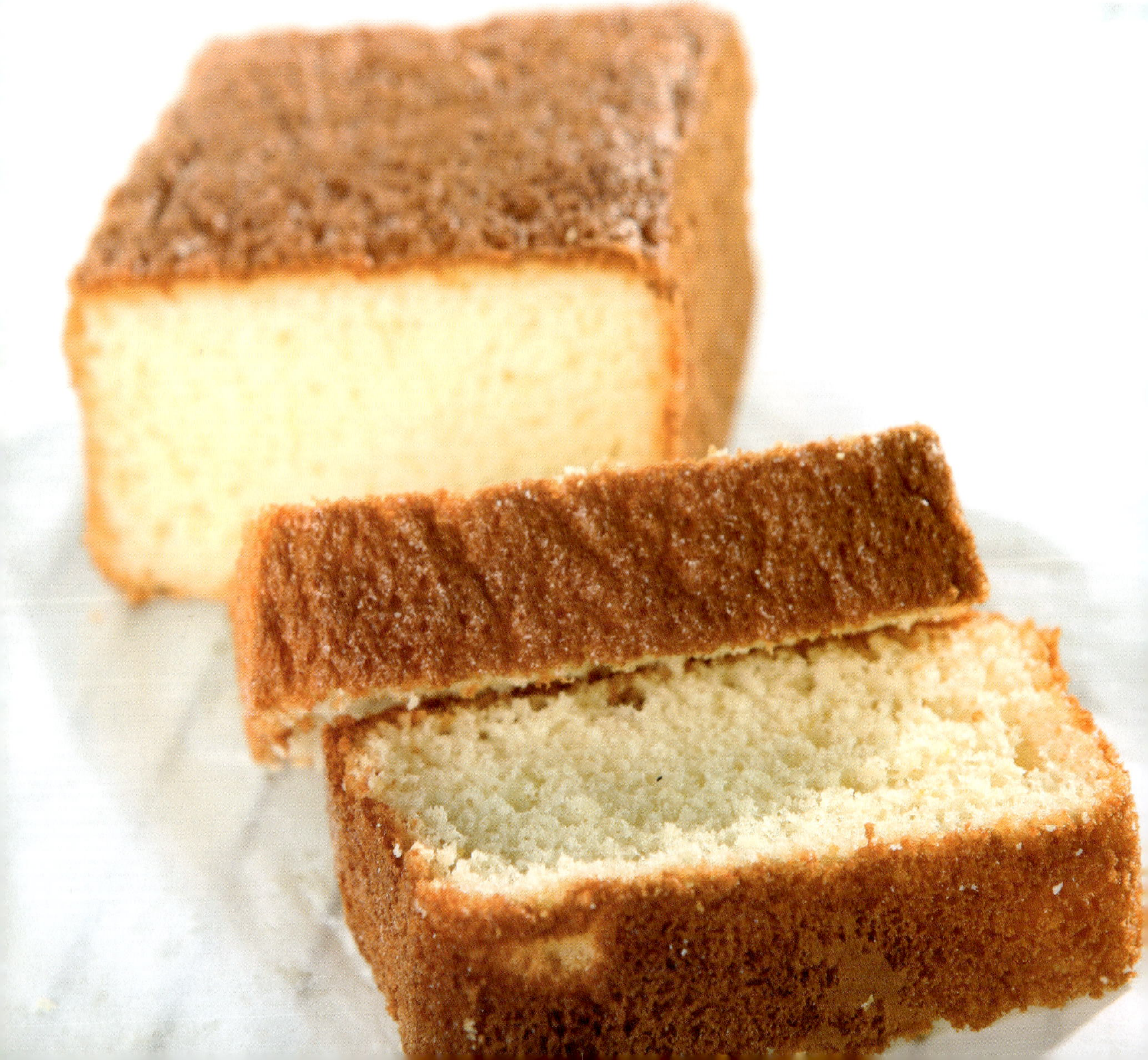

도구

15cm 사각 케이크 틀

재료

중력분 100g
달걀 2개
설탕 50g
우유 15g
카놀라유 15g
꿀 25g
레몬즙 10g

준비

1. 우유와 카놀라유를 함께 따뜻하
   게 중탕한다.
2. 케이크 틀에 유산지를 깐다.
3. 중력분은 두 번 체에 내린다.
4. 오븐은 160℃로 예열(5~10분)
   한다.

1 달걀 중탕하기
　달걀을 볼에 풀고 설탕을 넣어 섞은 다음 아래에 뜨거운 물을 받쳐 약 40도 정도 중탕한다.

2 달걀거품 올리기
　따뜻해진 달걀을 핸드믹서로 풀어 거품을 낸다.

3 가루재료 섞기
　체에 내린 중력분을 2에 넣고 주걱으로 섞는다.

4 반죽하기
　중탕한 우유와 카놀라유에 꿀과 레몬즙을 섞고 3에 넣어 살살 섞는다.

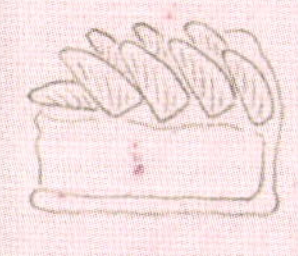

5 케이크 틀에 반죽 넣기
　케이크 틀에 4를 70% 정도 넣고 작업대에 살짝 내리쳐 공기를 없앤다.

6 오븐에 굽기
　예열된 오븐에서 160℃로 40분 정도 굽고 난 후 바로 틀에서 뺀다.

카스텔라는 구워서 한 김 식힌 다음 잘 싸서 보관해야 촉촉함을 유지할 수 있다.

part3

컵케이크

요정처럼 작고 앙증맞아서 컵케이크를 페어리 케이크라고 한 것일까. 페어리 케이크는 오래전부터 영국에서 차와 함께 먹기 시작했는데 미국으로 건너가 다양한 프로스팅이 더해지면서 모양이 다양하고 화려해졌다. 요즈음 우리나라에도 디저트 카페라는 것이 생겨 인기가 있다. 한창 레드벨벳이란 컵케이크가 뉴요커들에게 인기더니 '섹스 앤 더 시티'에서 미란다가 벤치에 앉아 분홍색 컵케이크를 맛있게 먹는 장면이 나와 화제가 되었다. 톰 크루즈가 딸을 데리고 거리를 나설 때 입에 온통 초콜릿을 묻히고 컵케이크를 먹는 귀엽고 사랑스러운 모습 또한 사람들의 주목을 받은 장면이다. 케이크의 오분의 일이나 육분의 일 정도 되는 크기의 이 앙증맞은 케이크는 작고 예뻐서 마음을 주고받기에도 좋다. 서로의 따뜻한 마음을 전하는 페어리 컵케이크. 지금 만들어보자.

재료

생크림 50g
설탕 5g
레몬농축액 조금

냉장된 생크림을 거품 올려 1/10 정도의 설탕이나 꿀 등을 섞어 컵케이크에 올린다. 설탕이나 꿀 대신 요거트나 초콜릿 녹인 것을 섞어서 올리기도 하고 색을 내고 싶을 때는 윌튼 천연 식용 색소를 조금 넣는다. 상큼한 맛을 낼 때는 생크림에 레몬주스, 레몬 농축액, 바닐라 농축액을 넣거나 바닐라 빈을 긁어서 넣기도 하고, 라즈베리나 블루베리 과일 퓨레 등을 넣고 섞어서 올리기도 한다.

• 크림치즈 프로스팅

재료

크림치즈 60g
버터 30g
슈거파우더 70g

크림치즈와 버터는 부드러운 상태에서 반죽을 한다. 슈거파우더는 수분에 민감하다. 약간의 수분에도 많은 양의 슈거파우더가 필요하니 농도 조절을 할 때 참고한다. 실온에 두었던 크림치즈를 부드럽게 풀고 말랑한 버터를 섞은 후 체로 내린 슈거파우더를 넣어 준다. 크림의 농도는 슈거파우더로 가감하여 조절한다. 온도에 따라 굳기가 달라지며 각자의 입맛에 맞도록 레시피를 10% 정도 조절해도 된다.

• 버터크림 프로스팅

재료

버터 60g
슈거파우더 160g
우유 15g~30g

말랑한 버터에 슈거파우더를 넣고 핸드믹서로 잘 섞이게 저은 후 우유로 농도를 조절한다.
• 화이트초콜릿 버터크림 : 버터 60g, 슈거파우더 110g, 우유 20g, 화이트초콜릿 녹인 것 25g
• 다크초콜릿 버터크림 : 버터 60g, 슈거파우더 160g, 우유 30g, 다크초콜릿 녹인 것 30g, 코코아가루 3g
• 바닐라 버터크림 : 버터 60g, 슈거파우더 160g, 우유 20g, 바닐라 익스트랙트 적당량

• 초코 가나슈 프로스팅

 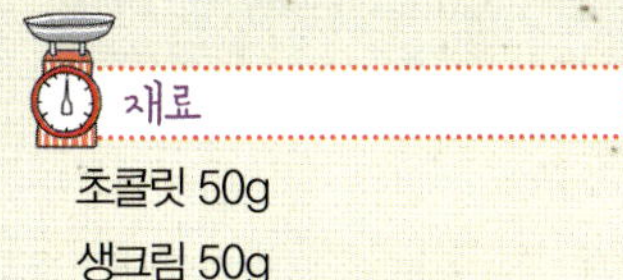

재료

초콜릿 50g
생크림 50g

머핀이나 케이크를 멋지게 장식하는 방법 중 하나이다. 초콜릿과 생크림을 똑같은 양으로 넣고 데워서 녹인 다음 컵케이크 위에 올린다. 생크림 대신 두유나 우유, 요거트를 데워서(초콜릿이 녹을 정도로) 넣기도 한다.

• 슈거아이싱 프로스팅

재료

달걀흰자 15g
슈거파우더 75g~100g
레몬즙 조금
원하는 색의 윌튼 색소

쿠키나 케이크에 장식을 하는데 마르면 형태가 고정되어 예쁘다. 달걀흰자를 거품 내다가 슈거파우더를 넣고 섞는다. 주걱에 반죽이 붙어있을 정도의 농도면 짤주머니에 넣고 쿠키나 케이크에 모양을 짜면 된다. 묽으면 슈거파우더를 더 넣고, 되면 레몬즙으로 농도를 조절한다.

• 채식 프로스팅

재료

두부 100g
파인애플 40g(파인애플 프로스팅의 경우)
화이트초콜릿 30g

두부를 끓는 물에 데쳐서 아가베 시럽을 넣고 곱게 갈아 다크초콜릿 녹인 것과 코코아가루를 섞는다. 버터나 크림 치즈 대신 머핀이나 케이크에 칼로리 부담 없이 올릴 수 있는 건강한 프로스팅 방법이다. 두부와 다양한 과일을 넣고 갈아서 만들 수 있다.

카카오닙 컵케이크

카카오닙은 카카오 콩을 볶고 난 뒤의 카카오 껍질인데, 단맛은 전혀 없고 깊고 진한 맛이 난다. 초콜릿은 베이킹 용으로 칩이나 가루, 동전 모양 등 여러 가지 형태가 있는데 카카오닙은 초콜릿을 잘게 다진 것 같이 생겼다. 카카오닙의 쌉싸래한 맛과 초콜릿의 달콤함을 동시에 즐길 수 있다.

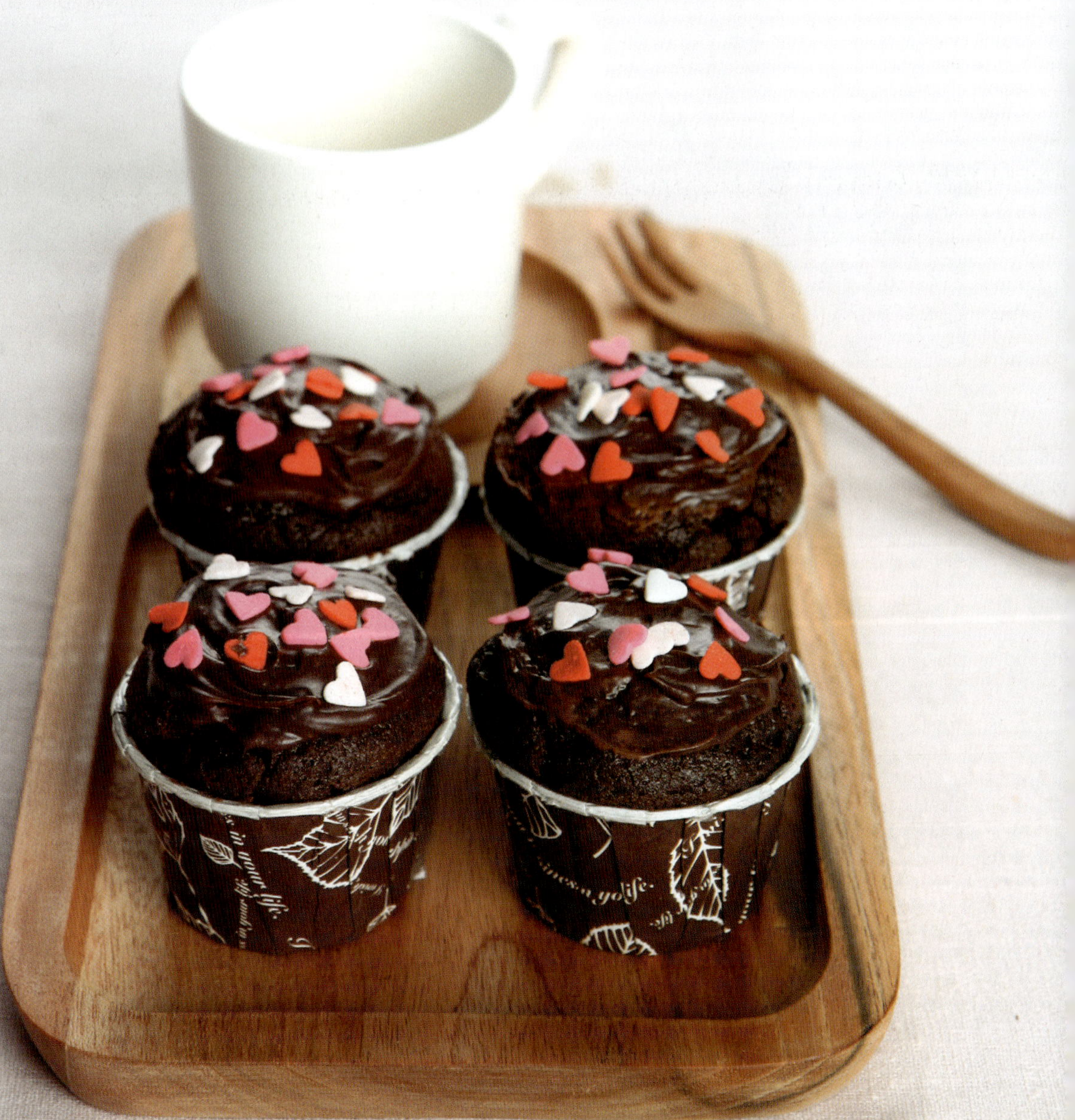

5cm 머핀 틀

❶ 반죽

박력분 65g
코코아가루 15g
베이킹파우더 2g
베이킹소다 1g

버터 50g
설탕 60g
달걀 1개
우유 80g
소금 ¼작은술
카카오닙 10g

❷ 토핑
카카오닙 5g
스프링클 적당량

준비

1. 버터와 달걀은 실온에 꺼내 둔다.
2. 가루재료는 두 번 체에 내린다.
3. 오븐은 175℃로 예열(5~10분)
   한다.

1 버터에 달걀 섞기
버터에 설탕을 넣고 섞다가 달걀을 넣고 반죽이 분리되지 않도록 거품기로 고루 섞는다.

2 반죽하기
1에 우유와 소금, 가루재료, 카카오닙을 넣고 골고루 섞는다.

3 머핀 틀에 담기
머핀 틀에 반죽을 70% 정도 담고 위에 카카오닙을 뿌린다.

4 오븐에 굽기
175℃로 예열한 오븐에서 25분 정도 굽는다.

5 장식하기
구운 컵케이크 위에 하트 모양 스프링클을 뿌려 장식한다.

스프링클은 모양과 색이 다양해서 컵케이크 위에 서로 어울리도록 적당한 것을 골라 뿌리면 각기 다른 느낌이 난다.

02 민트 브라우니 컵케이크

□ 175℃ □ 20분

브라우니는 초콜릿의 함량이나 만드는 방법에 따라 다양하게 만들 수 있다. 커피와 초콜릿이 서로 잘 어울리는 것처럼 초콜릿과 민트가 만나면 처음엔 초콜릿의 달콤함을 맛보고 나중엔 은은하고 쌉싸래한 민트 향까지 즐길 수 있다. 민트는 적당한 양을 넣어 향이 너무 과하지 않도록 한다.

미니머핀 틀

❶ 반죽

박력분 40g
베이킹파우더 2g

버터 40g
다크초콜릿 50g
흑설탕 30g
소금 ⅛작은술
달걀 1개
생크림 10g

❷ 민트크림
생크림 50g
설탕 10g
민트액 조금

1. 버터는 실온에 미리 꺼내 둔다.
2. 가루재료는 체에 두 번 내린다.
3. 오븐은 175℃로 예열(5~10분)
   한다.

1 초콜릿 녹이기

버터와 다크초콜릿을 함께 중탕으로 녹인 후 흑설탕과 소금을 넣고 섞는다.

2 반죽하기

1에 달걀과 생크림을 섞은 다음 가루재료를 넣어 반죽한다.

3 브라우니 굽기

머핀 틀에 반죽을 70% 정도 채워 넣고 175℃의 오븐에서 25분 정도 구운 후 충분히 식힌다.

4 민트크림 만들기

생크림을 충분히 거품 낸 뒤 설탕과 민트 액을 넣고 섞는다.

5 민트크림 올리기

컵케이크 윗면을 칼로 반듯하게 자른 다음 민트크림을 올리고 코코아가루와 초콜릿으로 장식한다.

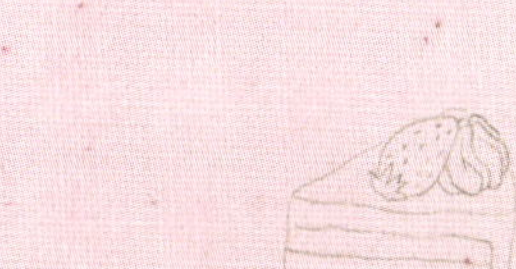

포시피드 컵케이크

□ 175℃ □ 25분

은은한 향과 부드러운 맛이 나는 양귀비씨 포시피드는 쿠키나 케이크, 머핀 등에 쓰이는 향신료이다. 코코아쿠키와 생크림을 올려서 장식을 했는데, 컵케이크는 구워서 충분히 식힌 다음 토핑을 올려야 장식이 녹지 않는다는 점에 유의한다. 포시피드의 향과 함께 크라칸트의 톡톡 씹히는 맛을 즐길 수 있도록 만든 컵케이크이다.

도구

5cm 머핀 틀

재료 (머핀 4~6개 분량)

❶ 반죽

박력분 80g
베이킹파우더 3g
아몬드가루 20g

버터 50g
설탕 40g
달걀 2개
우유 50g
소금 ¼작은술
바닐라 농축액 조금
포시피드 10g
잡곡 크로칸트 10g

❷ 프로스팅

생크림 요거트 100g

❸ 토핑

코코아 쿠키

준비

1. 버터는 실온에 둔다.
2. 가루는 두 번 체에 내린다.
3. 오븐은 175℃로 예열(5~10분)
   한다.

1 버터와 설탕 섞기

실온에 두어 부드러워진 버터에 설탕을 넣고 섞는다.

2 달걀 섞기

1에 달걀이 잘 섞이도록 나누어 넣고 고루 섞는다.

3 가루재료 섞기

2에 가루재료와 우유, 소금, 바닐라 농축액을 넣고 섞는다.

4 포시피드와 크로칸트 섞기

반죽에 포시피드와 잡곡 크로칸트를 넣고 골고루 섞는다.

5 오븐에 굽기

머핀 틀에 반죽을 70% 정도 채워 넣고 175℃의 오븐에서 25분 정도 굽는다.

6 생크림 요거트 올리기

구워서 식혀둔 케이크에 생크림 요거트와 코코아 쿠키를 올려 장식한다.

크림치즈 컵케이크

□ 175℃ □ 25분

딸기크림과 크림치즈가 어울려서 부드럽고 새콤한 컵케이크가 되었다. 딸기로 크림치즈의 맛을 더욱 살린 케이크
이다. 컵케이크 위에 장식한 분홍색 꽃 한 송이가 예쁘다. 짤주머니에 모양 깍지를 넣고 딸기크림을 한 바퀴 돌려
서 짜면 되는데 따뜻하게 내린 에스프레소 한 잔과 즐기는 크림치즈 컵케이크는 더욱 맛있다.

도구

5cm 머핀 틀

재료 (머핀 5~7개 분량)

❶ 반죽

박력분 110g
베이킹파우더 2g

크림치즈 40g
버터 30g
설탕 60g
달걀 1개
우유 40g

❷ 프로스팅

크림치즈 40g
버터 25g
슈거파우더 75g
스트로베리 시럽 1작은술

준비

1. 크림치즈와 버터, 달걀은 실온에
   미리 꺼내 둔다.
2. 가루재료는 체에 두 번 내린다.
3. 오븐은 175℃로 예열(5~10분)
   한다.

1 크림치즈와 버터 섞기

크림치즈와 버터를 볼에 담고
거품기로 저어가며 고루 섞는다.

2 달걀 섞기

1에 설탕을 섞고 달걀을 고루
섞는다.

3 반죽하기

가루재료와 우유를 2에 섞어
반죽을 완성한다.

4 머핀 틀에 담기

머핀 틀에 반죽을 70% 정도
채운 다음 175℃의 오븐에서 25분
정도 굽는다.

5 프로스팅 만들기

크림치즈와 버터를 섞은 다음
슈거파우더, 스트로베리 시럽을 넣
어 딸기크림을 만든다.

6 프로스팅 올리기

짤주머니에 딸기크림을 담아
구워둔 컵케이크 위에 빙 돌려 짠다.

애플 시나몬 컵케이크

□ 175℃ □ 25분

위에 올린 버터크림은 애플 시나몬 향이 진한 컵케이크와 잘 어울려 더욱 맛있다. 고소한 아몬드 가루를 넣고 케이크 반죽을 해서 식감이 촉촉하고 부드러우며 시나몬 가루를 넣고 조린 애플은 생과일 자체일 때보다 더 향긋하다. 폭신하게 구워진 케이크와 상큼한 애플을 함께 맛볼 수 있는 작은 과일케이크이다.

도구

5cm 머핀 틀

재료 (머핀 4~5개 분량)

❶ 사과 조림

사과 1개
설탕 20g
레몬즙 ½작은술
계피가루 적당량

❷ 반죽

박력분 75g
베이킹파우더 3g
아몬드가루 20g

버터 60g
설탕 40g
달걀 2개
우유 50g

❸ 프로스팅

버터 20g
슈거파우더 45g
우유 10g

준비

1. 버터는 실온에 둔다.
2. 가루재료는 체에 두 번 내린다.
3. 오븐은 175℃로 예열(5~10분) 한다.

1 사과 조리기

사과의 껍질을 벗겨 적당한 크기로 자르고 냄비에 분량의 조림 재료들과 함께 넣고 조린다.

2 반죽하기

버터와 설탕을 거품기로 고루 섞은 다음 달걀을 고루 섞고 가루재료와 우유를 넣어 반죽한다.

3 사과 조림 섞기

케이크 위에 올린 사과 조림을 조금 남겨두고 반죽에 사과 조림을 섞는다.

4 컵케이크 굽기

머핀 틀에 반죽을 70% 정도 채워 넣고 175℃의 오븐에서 25분 정도 굽는다.

5 프로스팅 만들기

실온에서 부드러워진 버터를 푼 다음 슈거파우더와 우유를 넣고 섞는다.

6 프로스팅 올리기

충분히 식힌 컵케이크에 버터크림을 올리고 조린 사과로 장식한다.

06 모카치노 컵케이크

□ 175℃ □ 25분

초콜릿과 커피는 맛이 서로 잘 어울려서 같이 케이크에 넣으면 맛을 더한다. 모카치노 컵케이크는 커피 향과 초콜릿의 달콤함의 만남이라고 할까. 크림치즈로 만든 프로스팅을 위에 올려서 부드러운 맛의 모카치노 컵케이크가 되었다. 컵케이크의 장식은 깍지의 모양에 따라 다양한 장식 효과를 볼 수 있다.

도구

5cm 머핀 틀

재료 (머핀 4~5개 분량)

❶ 반죽

박력분 85g
코코아가루 10g
베이킹파우더 2g

초콜릿 50g
버터 80g
커피가루 3g
달걀 2개
설탕 70g
소금 ¼작은술
바닐라 농축액 조금

❷ 프로스팅

크림치즈 30g
버터 15g
슈거파우더 35g
윌튼 레몬 옐로우 나무꼬치로 찍어
서 조금

준비

1. 버터는 실온에 꺼내 둔다.
2. 가루재료는 체에 두 번 내린다.
3. 오븐은 175℃로 예열(5~10분)
   한다.

1 초콜릿 녹이기

볼에 초콜릿과 버터, 커피가루를 담고 뜨거운 물을 받쳐 중탕해 녹인다.

2 달걀 섞기

볼에 달걀을 풀고 설탕을 넣어 거품기로 섞는다.

3 반죽하기

2에 가루재료들과 소금, 바닐라 농축액을 넣어 주걱으로 섞다가 1을 넣고 반죽한다.

4 오븐에 굽기

머핀 틀에 유산지를 깔고 반죽을 70% 정도 담아 175℃의 오븐에서 25분 정도 굽는다.

5 프로스팅 만들기

크림치즈와 버터를 섞고 슈거파우더와 윌튼 레몬 옐로우를 나무꼬치에 조금 찍어서 색을 보아가며 골고루 섞는다.

6 컵케이크 장식하기

짤주머니에 모양 깍지를 끼우고 레몬크림을 담아 컵케이크 위에 동그랗게 짜서 모양낸다.

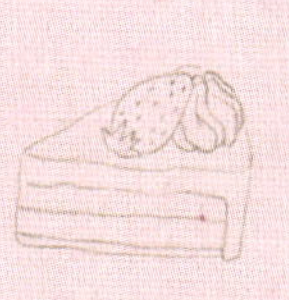

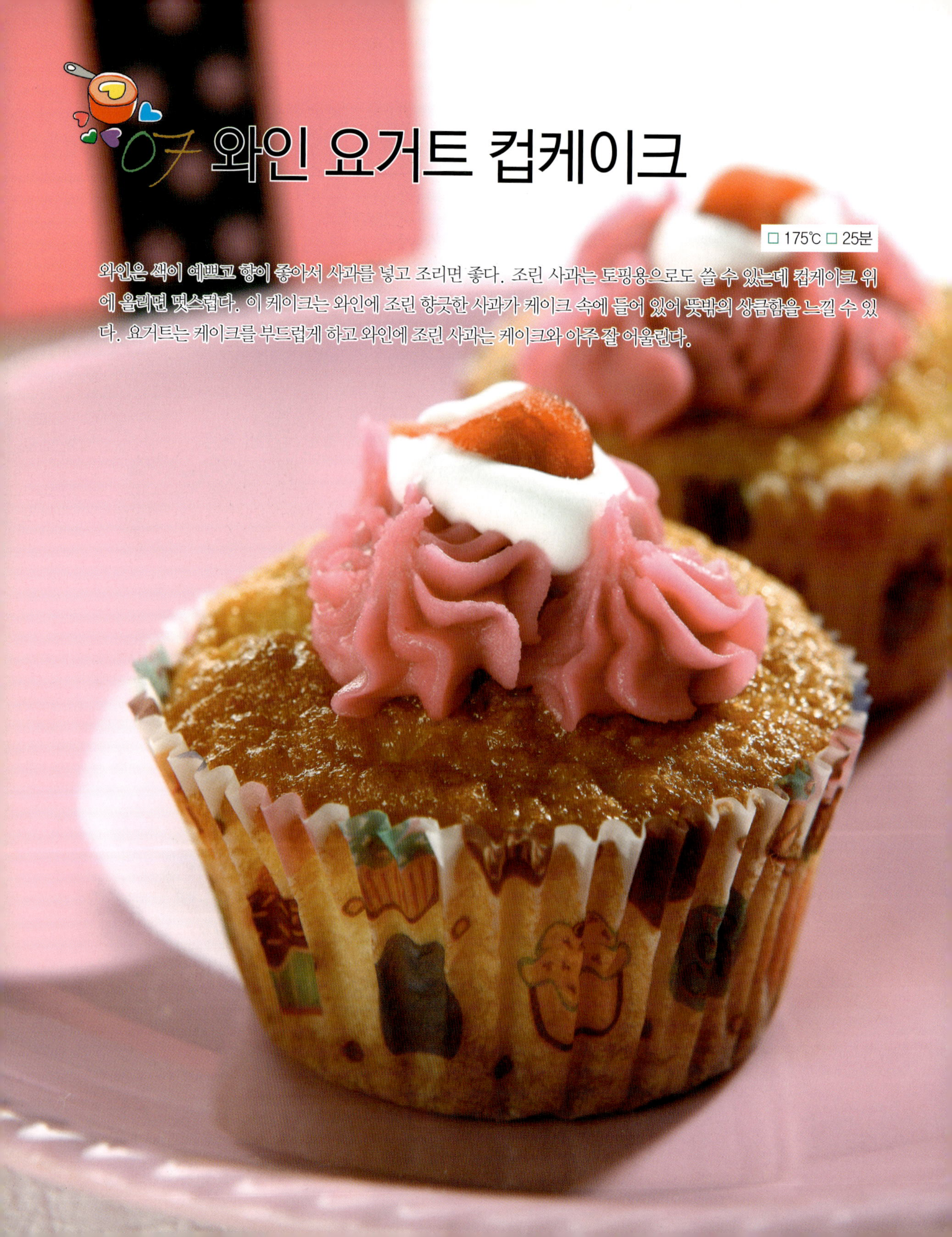

07 와인 요거트 컵케이크

와인은 색이 예쁘고 향이 좋아서 사과를 넣고 조리면 좋다. 조린 사과는 토핑용으로도 쓸 수 있는데 컵케이크 위에 올리면 멋스럽다. 이 케이크는 와인에 조린 향긋한 사과가 케이크 속에 들어 있어 뜻밖의 상큼함을 느낄 수 있다. 요거트는 케이크를 부드럽게 하고 와인에 조린 사과는 케이크와 아주 잘 어울린다.

미니머핀 틀

재료 (미니머핀 5~6개 분량)

❶ 반죽

박력분 50g
전분 6g
베이킹파우더 2g

달걀노른자 2개
설탕 40g
카놀라유 40g
요거트 80g

❷ 사과조림
사과 ½개
와인 40g
설탕 10g

❸ 프로스팅
크림치즈 30g
버터 15g
슈거파우더 70g
와인 20g

준비

1. 가루재료는 두 번 체에 내린다.
2. 오븐은 175℃로 예열(5~10분)
   한다.

크림을 분홍색으로 만들
땐 여러 가지 방법이 있다.
딸기 가루나 월드 색소, 딸
기시럽을 넣어 원하는 색
으로 만들어 장식한다.

1 사과 조리기
사과는 껍질을 벗겨 적당히 자르고 냄비에 넣어 와인, 설탕과 함께 중간불로 조린다.

2 반죽하기
달걀노른자와 설탕을 볼에 담아 거품기로 섞고 카놀라유와 요거트, 가루재료를 넣어 반죽한다.

3 조린 사과 넣기
반죽에 조린 사과를 넣어 섞은 다음 머핀 틀에 70% 정도 채워 넣는다.

4 오븐에서 굽기
반죽을 175℃의 오븐에 넣어 25분 정도 구운 다음 충분히 식힌다.

5 와인크림 만들기
실온에 두어 부드러워진 크림치즈와 버터를 섞고 슈거파우더와 와인을 넣는다.

6 장식하기
짤주머니에 와인크림을 넣어 컵케이크 위에 장식한다. 그 위에 머랭(달걀흰자 2개, 설탕 20g)을 올려도 좋다.

08 럼 후르츠 컵케이크

□ 175℃ □ 25분

럼주에 재워 둔 말린 과일과 견과류, 너트메그를 넣어서 맛과 향이 좋다. 이것은 웨딩데이나 돌 등 특별한 날을 기념하기 위해 슈거페이스트로 커버를 해서 만들 수 있는 컵케이크이다. 보관이 용이한 모형 케이크로도 만들 수 있다.

도구

5cm 머핀 틀

재료 (머핀 4~6개 분량)

❶ 반죽

> 중력분 80g
> 베이킹파우더 2g
> 아몬드가루 10g
> 너트메그 2g

달걀 1개
설탕 60g
카놀라유 40g
두유 30g
소금 ¼작은술

❷ 과일/견과

당절임 체리 10개
기타 건과일과 견과류 100g
럼주 30g

(너트메그 : 특별한 향이 나는 너트
이다. 꼭 넣지 않아도 되지만 너트메
그만의 향이 풍미를 더한다.)

준비

1. 버터와 달걀은 실온에 둔다.
2. 가루재료는 체에 두 번 내린다.
3. 오븐은 175℃로 예열(5~10분)
   한다.
4. 당절임 체리는 반으로 자른다.

1 럼주에 건과일과 견과류 재우기

건과일과 견과류를 럼주에 넣어
30분 이상 재운다.

2 달걀 풀기

볼에 달걀과 설탕을 넣고 거품
기로 잘 저어준다.

3 반죽하기

2에 카놀라유, 소금을 넣고
고루 섞은 다음 가루재료를 넣어 반
죽한다.

4 건과일과 견과, 당절임 체리
섞기

반죽에 재워둔 건과일과 견과류, 당
절임 체리를 넣고 골고루 섞는다.

5 머핀 틀에 반죽 넣기

반죽을 머핀 틀에 70% 정도
채우고 175℃의 오븐에서 25분 정
도 굽는다.

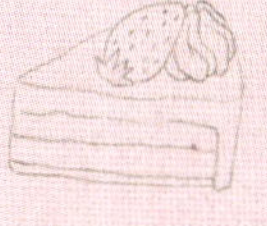

메이플 피칸 컵케이크

□ 175℃ □ 25분

컵케이크는 구워서 위에 모양도 예쁘게 장식하고 다양한 재료로 토핑도 하지만 반죽할 때에 넣는 재료에 따라 향이 달라진다. 이 케이크에는 단풍나무에서 나는 천연 당분인 메이플 시럽을 넣었다. 고소한 피칸과 캐러멜 시럽, 달콤한 메이플 향을 함께 즐길 수 있는 컵케이크이다.

3cm 머핀 틀

❶ 반죽

박력분 30g
아몬드가루 15g
베이킹파우더 2g

버터 25g
설탕 30g
달걀 1개
메이플 시럽 5g

❷ 프로스팅
크림치즈 30g
버터 20g
슈거파우더 40g
캐러멜 시럽
황설탕 30g
물 30g

❸ 토핑
다진 피칸 조금

1. 크림치즈와 버터는 실온에 둔다.
2. 가루재료는 체에 두 번 내린다.
3. 오븐은 175℃로 예열(5~10분)
한다.

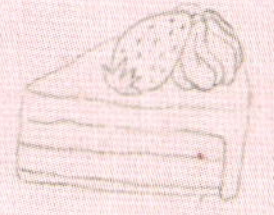

1 버터와 달걀 섞기
버터에 설탕을 섞은 다음 달걀을 고루 섞는다.

2 반죽하기
1에 가루재료와 메이플 시럽을 넣고 섞어 반죽한다.

3 오븐에 굽기
머핀 틀에 반죽을 70% 정도 채워 넣고 175℃의 오븐에서 25분 정도 굽는다.

4 크림치즈 크림 만들기
크림치즈와 버터를 섞은 뒤 슈거파우더를 넣고 섞는다.

5 캐러멜 시럽 만들기
물에 황설탕을 넣어 녹인 후 약한 불에 올려서 젓지 말고 그대로 끓인다. 물이 ¼이상 줄어들면 불에서 내린다.

6 장식하기
식은 컵케이크 위에 크림치즈 크림을 올리고 다진 피칸과 캐러멜 시럽을 뿌려 장식한다.

체리 트로피컬 컵케이크

□ 175℃ □ 25분

과일은 말리면서 색과 향이 진해지고 더욱 달콤해진다. 열대과일을 잘게 썰어서 포장한 것을 한 봉지 사면 색도 예쁘고 다양한 맛이 있는 컵케이크를 만들 수 있다. 은은한 향의 럼주와 새콤달콤한 체리, 건과일을 넣어서 케이크가 상큼하다.

4cm 머핀 틀

❶ 반죽

박력분 45g
아몬드가루 20g
베이킹파우더 2g

크림치즈 20g
버터 60g
설탕 40g
소금 ¼작은술
달걀 1개

❷ 필링
말린 과일, 말린 체리 50g
럼주 ½작은술

1. 버터와 크림치즈는 실온에 둔다.
2. 가루재료는 체에 두 번 내린다.
3. 오븐은 175℃로 예열(5~10분)
   한다.

1 럼주에 말린 과일 재우기

럼주에 말린 열대 과일과 말린
체리를 넣고 30분 이상 재운다.

2 크림치즈와 버터 섞기

크림치즈에 버터와 설탕, 소
금을 섞은 다음 달걀을 고루 섞는다.

3 반죽하기

2에 체에 내린 가루재료를 넣
고 반죽한다.

4 재워둔 건과일 넣기

1을 반죽에 고루 섞되, 토핑할
것은 조금 남겨 둔다.

5 머핀 틀에 반죽 넣기

머핀 틀에 반죽을 70% 정도
채워 넣고 토핑을 올려 장식한다.

6 오븐에 굽기

175℃의 오븐에서 25분 정도
굽는다.

part 4

머핀

머핀을 만들 때는 버터와 설탕을 먼저 섞고 나서 달걀, 체에 내린 베이킹파우더와 밀가루, 부재료를 넣고 반죽을 한다.

미국이나 외국의 머핀 반죽 방법은 볼에 재료를 한꺼번에 다 넣고 섞어서 구워 쫄깃한 식감의 머핀을 주로 만든다.

하지만 그들의 레시피로 만든 머핀은 우리 입맛에 너무 달다. 또 머핀의 반죽에 재료가 잘 섞이고 부피가 더 잘 부풀게 하기 위해 마가린이나 쇼트닝 등을 쓰기도 하는데 천연버터나 오일을 쓰는 우리들에겐 전혀 이해할 수 없는 레시피이 지만 그들은 그다지 문제 삼지 않는 것 같다.

머핀을 잘 부풀게 구우려면 먼저 오븐을 적정 온도까지 올라가게 예열해 두는 것이 필수다. 오븐의 온도가 낮을 때 넣 으면 반죽이 녹아서 머핀이 잘 부풀지 않기 때문이다.

소프트 커스터드 머핀

□ 175℃ □ 25분

커스터드에 레몬을 넣어 부드럽고 달콤하게 만들었다. 틀에 반죽은 조금만 넣고 그 위에 레몬 커스터드를 넣어 구우면 머핀 속에 부드럽고 상큼한 크림을 함께 맛볼 수 있는 머핀이 된다. 버터크림 프로스팅을 올리고 아이들이 좋아하는 초코볼이나 꿈틀이 젤리 등으로 재미있는 모양을 장식해 보았다.

머핀 틀

❶ 반죽

박력분 85g
베이킹파우더 2g
바닐라가루 2g

달걀 2개
설탕 45g
두유 50g
카놀라유 40g
소금 ⅛작은술

❷ 커스터드 크림
전분 2g
박력분 4g
설탕 15g
달걀노른자 1개
카놀라유 1작은술
바닐라 농축액 조금
두유 50g
레몬즙 20g

1. 가루재료는 체에 두 번 내린다.
2. 오븐은 175℃로 예열(5~10분)
   한다.

1 커스터드 크림 재료 섞기

두유와 레몬즙을 제외한 분량의 커스터드 크림 재료를 냄비에 넣고 고루 섞는다.

2 커스터드 크림 끓이기

1에 두유를 섞고 약한 불에서 걸쭉하게 끓인 다음 레몬즙을 섞는다.

3 반죽하기

달걀을 풀어 설탕을 고루 섞고 두유, 카놀라유, 소금, 가루재료를 넣어 반죽한다.

4 오븐에 굽기

머핀 틀에 머핀 반죽을 붓고 그 위에 커스터드 반죽을 얹는다.

5 머핀 굽기

175℃의 오븐에서 25분 정도 굽는다. 구운 머핀은 식혀서 버터크림(P26 참조)을 바르고 초코볼이나 젤리로 장식하면 예쁘다.

요거트 머핀

□ 175℃ □ 25분

요거트와 파인애플을 넣어 부드럽고 달콤새콤한 머핀이다. 또 구운 머핀 위에 머랭을 올려서 폭신한 부드러움을
더했다. 살짝 구운 레몬을 세워서 머랭 위에 꽂았는데 보기에도 예쁘지만 머핀의 전체적인 맛과도 잘 어울린다.

도구

머핀 틀

재료 (머핀 6~8개 분량)

❶ 반죽

박력분 160g
베이킹파우더 3g
바닐라가루 3g

달걀 1개
설탕 80g
소금 ⅛작은술
두유 100g
카놀라유 50g
요거트 100g
파인애플 50g

❷ 머랭
달걀흰자 1개
설탕 10g

❸ 토핑
말린 레몬 적당량

준비

1. 가루재료는 체에 두 번 내린다.
2. 오븐은 175℃로 예열(5~10분)
   한다.
3. 머랭을 만든다.

1 재료 섞기
달걀을 풀어서 설탕과 소금, 두유, 카놀라유를 넣고 골고루 섞는다.

2 반죽하기
1에 요거트와 체에 내린 가루 재료를 넣고 뭉치지 않도록 섞는다.

3 파인애플 넣기
파인애플을 작게 썰어 반죽에 넣고 섞는다.

4 머핀 틀에 담기
완성된 반죽을 머핀 틀에 70% 정도 채워 담는다.

5 오븐에 굽기
틀에 담은 반죽을 175℃의 오븐에 넣어 25분 정도 굽는다.

6 머랭 올리기
구운 머핀을 식혀서 머랭(P27 참조)과 레몬을 올리고 175℃의 오븐에서 색이 날 정도로만 굽는다.

단호박 머핀

□ 175℃ □ 25분

단호박은 칼로리가 낮고 건강에도 좋아 베이킹에 많이 쓰인다. 또 케이크나 머핀에 들어가면 색이 고와서 더욱 먹음직스럽게 된다. 여기선 채로 썰어서 반죽과 섞어 구웠다. 단호박 머핀 속에 코코아 쿠키가 들어 있어 색다른 즐거움을 즐길 수 있다.

머핀 틀

박력분 110g
베이킹파우더 2g

단호박 80g
달걀 1개
설탕 60g
소금 ⅛작은술
두유 80g
카놀라유 40g
코코아쿠키 3개

1. 가루재료는 체에 두 번 내린다.
2. 오븐은 175℃로 예열(5~10분)
   한다.

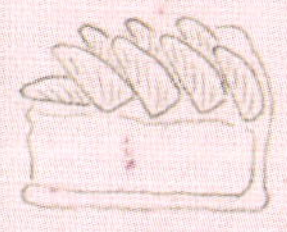

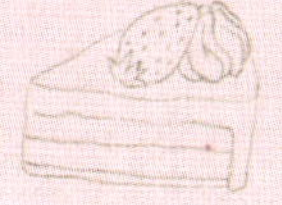

1 단호박 준비하기
단호박은 가늘게 채 썬다.

2 반죽하기
달걀을 풀어 설탕을 고루 섞은 후 소금, 두유, 카놀라유, 가루재료를 넣어 반죽을 만든다.

3 단호박 섞기
2의 반죽에 준비한 단호박을 섞는다.

4 머핀 틀에 반죽 넣고 굽기
머핀 틀에 유산지를 깔고 반죽을 50% 정도 채운 다음 쿠키를 반쪽 올리고 그 위에 반죽을 조금 더 올려 70% 정도까지 채운다.

5 오븐에 굽기
반죽을 175℃의 오븐에서 25분 정도 굽는다.

04 견과 머핀

□ 175℃ □ 25분

머핀은 다양한 재료를 넣고 만들어 여러 가지 맛을 즐길 수 있는데 견과 머핀은 견과를 자르거나 가루를 내어 반죽에 넣기도 하고 위에 멋으로 올려서 굽기도 한다. 머핀 속에 고소한 견과들이 듬뿍 들어 있어 따로 견과류를 챙겨 먹지 않아도 된다.

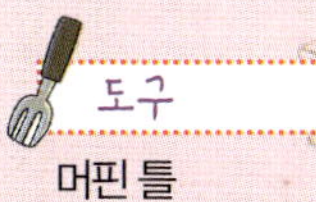

도구

머핀 틀

재료 (머핀 5~6개 분량)

박력분 110g
베이킹파우더 2g

달걀 1개
설탕 60g
소금 ⅛작은술
두유 80g
카놀라유 40g
견과류 80g

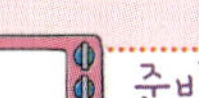

준비

1. 가루재료는 체에 두 번 내린다.
2. 오븐은 175℃로 예열(5~10분)
한다.

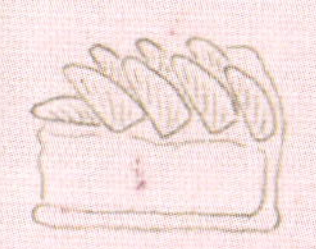

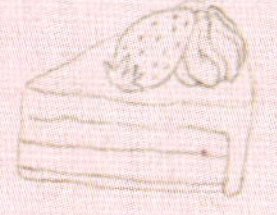

1 견과류 굽기

견과류를 잘게 썰어 오븐에 살
짝 굽는다.

2 재료 섞기

달걀에 설탕을 넣고 고루 섞은
후 소금, 두유, 카놀라유를 넣어 골
고루 섞는다.

3 반죽하기

2에 체에 내린 가루재료를 섞
고 구운 견과류를 10g만 남기고 모
두 넣어 섞는다.

4 머핀 틀에 반죽 넣기

머핀 틀에 반죽을 넣고 70%
정도 담고 그 위에 남은 견과류를 뿌
린다.

5 오븐에 굽기

반죽을 175℃의 오븐에서 25
분 정도 굽는다.

05 블루베리 머핀

□ 175℃ □ 25분

버터 없이 구운 블루베리 머핀이다. 요거트가 들어가 맛이 부드럽고 블루베리와 잘 어울린다. 머핀 속에 블루베리를 생과일로 넣거나 퓨레, 또는 말린 건조 블루베리를 사용할 수 있으며, 반죽에 넣기 좋은 파우더 형태로 되어 있는 것도 있다.

도구

머핀 틀

재료 (5cm 머핀 5~6개 분량)

❶ 반죽

박력분 115g
베이킹파우더 3g

달걀 2개
설탕 35g
두유 45g
카놀라유 20g
소금 ⅛작은술

❷ 토핑

블루베리 퓨레 70g
생크림 조금

준비

1. 가루재료는 체에 두 번 내린다.
2. 오븐은 175℃로 예열(5~10분)
   한다.

1 반죽하기

달걀을 풀어 설탕을 고루 섞고
두유와 카놀라유, 소금, 가루재료를
넣고 섞는다.

2 블루베리 섞기

1의 반죽에 블루베리 퓨레를
넣어 고루 섞는다.

3 반죽 담기

머핀 틀에 반죽을 70% 정도
채운다.

4 오븐에 굽기

반죽을 175℃의 오븐에서 25
분 정도 굽는다.

5 생크림과 블루베리 필링 올
리기

구운 머핀을 충분히 식힌 다음 그
위에 생크림과 블루베리 퓨레를 올
린다.

06 초코 모카 머핀

□ 175℃ □ 25분

커피를 넣어 커피의 그윽한 향이 식감을 자극하고 맛 또한 깔끔하다. 직접 원두를 갈아 에스프레소로 넣으면 향이
진한 모카 머핀을 만들 수도 있으나 쉽게 구할 수 있는 인스턴트 커피가루를 사용해도 무방하다.

도구

머핀 틀

재료 (5cm 머핀 5~6개 분량)

❶ 반죽

박력분 120g
아몬드가루 30g
베이킹파우더 3g

두유 100g
인스턴트 커피가루 7g
달걀 1개
설탕 80g
카놀라유 60g
소금 ⅛작은술

❷ 프로스팅
크림치즈 30g
버터 15g
슈거파우더 35g

❸ 토핑
머핀 위에 올릴 체리 조금
초콜릿 다진 것 조금

준비

1. 가루재료는 체에 두 번 내린다.
2. 오븐은 175℃로 예열(5~10분)
   한다.

1 커피 녹이기

두유를 데워서 커피가루를 넣고
녹인다.

2 재료 섞기

1에 달걀을 풀어 설탕을 고루
섞고 카놀라유와 소금을 섞는다.

3 반죽하기

2에 가루재료를 넣어 반죽
한다.

4 오븐에 굽기

반죽을 머핀 틀에 70% 정도
채워 넣은 후 175℃의 오븐에서 25
분 정도 굽는다.

5 크림 올리기

식힌 머핀 위에 크림치즈(P14
참조)와 버터, 슈거파우더를 잘 섞어
서 머핀 위에 바르고 초콜릿을 다져
서 뿌린 다음 체리를 올린다.

07 퐁당 쇼콜라 머핀

무가당 코코아를 넣고 구운 머핀이다. 코코아는 질이 좋고 향이 좋은 것으로 골라서 사용한다. 가정에서도 질 좋은 코코아 가루만 준비되면 디저트 카페처럼 맛있는 쇼콜라 머핀을 간단하게 만들 수 있다.

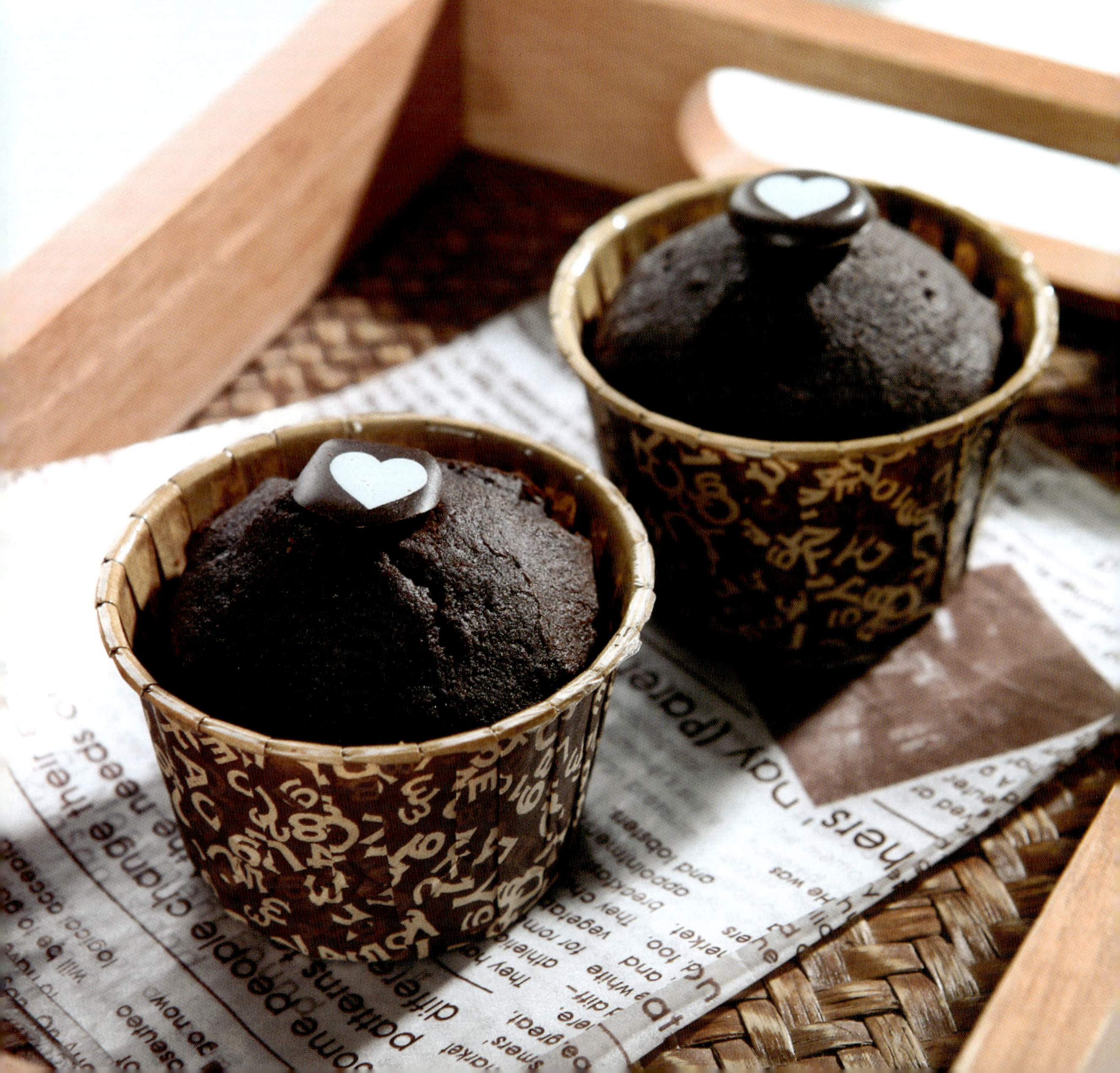

머핀 틀

박력분 95g

코코아가루 15g

옥수수전분 5g

베이킹파우더 3g

버터 75g

설탕 65g

달걀 1개

우유 35g

물엿 10g

1. 버터와 달걀은 실온에 미리 꺼내
   둔다.

2. 가루재료는 두 번 체에 내린다.

3. 오븐은 175℃로 예열(5~10분)
   한다.

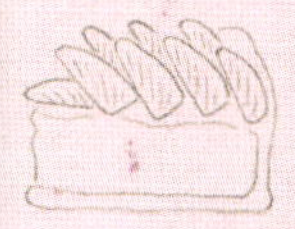

1 버터 풀기

버터는 풀어서 설탕을 넣고 고
루 섞는다.

2 재료 섞기

1에 달걀을 풀어서 고루 섞은
다음 우유와 물엿을 넣고 섞는다.

3 반죽하기

2에 체에 내린 가루를 넣고
고루 섞는다.

4 틀에 넣기

머핀 틀에 반죽을 70% 정도
채운다.

5 오븐에 굽기

175℃의 오븐에서 25분 정도
굽는다.

08 스트로베리 머핀

□ 175℃ □ 25분

생과일을 따로 조리하지 않고 머핀 속에 통으로 넣어 구웠다. 생과일을 머핀에 넣고 구울 때는 금방 구웠을 때가 맛이 있다. 딸기는 조리거나 퓨레 형태로 반죽에 넣거나 잘라서 또는 당도가 높도록 건조기에 말려서 사용할 수도 있다.

도구

머핀 틀

재료 (5cm 머핀 4~5개 분량)

박력분 85g
베이킹파우더 2g

달걀 1개
설탕 40g
소금 ⅛작은술
두유 50g
카놀라유 30g
레몬즙 10g
딸기시럽 15g
딸기 40g

준비

1. 가루재료는 체에 두 번 내린다.
2. 오븐은 175℃로 예열(5~10분)
   한다.

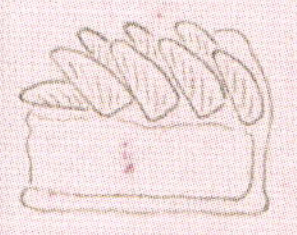

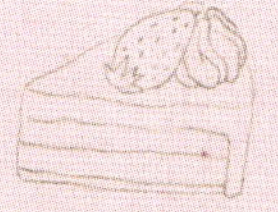

1 딸기 준비하기

딸기를 씻어서 꼭지를 떼고 체에 밭쳐 물기를 뺀다.

2 재료 섞기

달걀을 풀어 설탕을 고루 섞은 후 소금, 두유, 카놀라유를 넣고 섞는다.

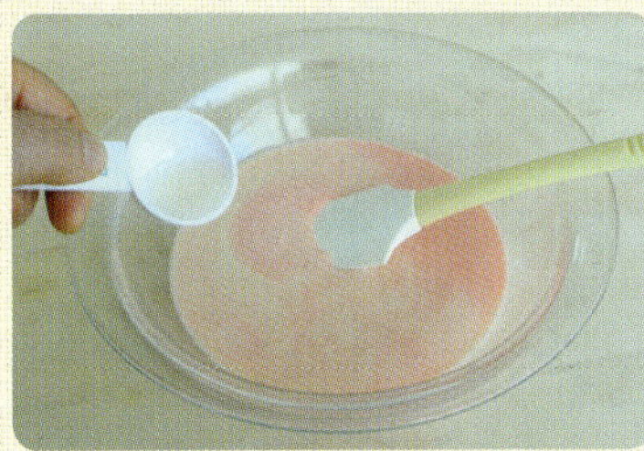

3 반죽하기

2에 체에 내린 가루재료와 딸기시럽, 레몬즙을 넣고 골고루 섞어 반죽한다.

4 틀에 넣기

머핀 틀에 반죽을 60% 정도 넣고 딸기를 넣는다.

5 오븐에 굽기

175℃의 오븐에서 25분 정도 굽는다.

그린티 머핀

□ 175℃ □ 25분

녹차가루를 넣고 머핀을 구워서 부드러운 생크림으로 토핑을 올렸다. 또 다른 토핑 방법으로 케이크를 잘게 잘라 생크림 위에 올리고 슈거파우더를 작은 체에 넣고 솔솔 뿌려도 된다. 이 머핀은 녹차가루를 듬뿍 넣고 구워 진한 녹차 맛이 일품이다.

도구

머핀 틀

재료 (5cm 머핀 4~5개 분량)

❶ 반죽

박력분 110g
녹차가루 3g
베이킹파우더 2g

달걀 1개
설탕 50g
두유 80g
소금 ⅛작은술
카놀라유 40g

❷ 토핑

생크림 20g
설탕 5g
슈거파우더 조금

준비

1. 가루재료는 체에 두 번 내린다.
2. 오븐은 175℃로 예열(5~10분)
   한다.

1 반죽하기

달걀을 풀어 설탕을 고루 섞고
두유, 소금, 카놀라유를 넣고 체에
내린 가루를 섞는다.

2 머핀 틀에 반죽 넣고 굽기

머핀 틀에 반죽을 70% 정도
넣고 175℃의 오븐에서 25분 정도
굽는다.

3 생크림 거품내기

차가운 생크림에 설탕을 넣고
거품기가 돌아가는 자국이 생길 정
도로 거품을 낸다.

4 생크림 올리기

충분히 식힌 머핀 위에 생크림
을 올린다.

5 장식하기

4에 슈거파우더를 체로 조금
뿌린다.

바나나 머핀

□ 175℃ □ 25분

바나나 향과 코코넛 슬라이스의 향이 아주 잘 어울려서 고급스런 머핀이 되었다. 바나나는 꿀과 계피가루를 넣고 달콤하게 조려서 머핀 속에 넣었다. 구워서 식힌 다음 모양도 예쁘도록 바삭하게 구운 코코넛 롱 슬라이스를 머핀 위에 올려 토핑도 특별하게 하였다.

도구

머핀 틀

재료 (5cm 머핀 5~6개 분량)

❶ 반죽

박력분 120g
바닐라가루 2g
베이킹파우더 3g

달걀 1개
설탕 70g
소금 ⅛작은술
두유 90g
카놀라유 40g
코코넛 슬라이스 50g

❷ 바나나 조림

바나나 100g
꿀 20g
계피가루 적당량

❸ 프로스팅

크림치즈 60g
버터 30g
슈거파우더 70g

❹ 토핑

코코넛 슬라이스 30g

준비

1. 가루재료는 체에 두 번 내린다.
2. 오븐은 175℃로 예열(5~10분)
   한다.

1 코코넛 슬라이스 굽기

코코넛 슬라이스(장식용)를
160℃의 오븐에서 약간 색이 날 정
도로 굽는다.

2 재료 섞기

달걀을 풀어 설탕을 고루
섞고 소금, 두유, 카놀라유를 섞
는다.

3 반죽하기

2에 체에 내린 가루재료와
코코넛 슬라이스를 넣고 섞어 반죽
한다.

4 바나나 조리기

바나나를 얇게 슬라이스로 썰
어 냄비에 담고 꿀, 계피가루를 넣고
살짝 조린다.

5 바나나 머핀에 넣고 굽기

머핀 틀에 반죽을 70% 정도만
담고 조린 바나나를 올려 175℃의
오븐에서 25분간 굽는다.

6 장식하기

구운 머핀은 식혀서 프로스팅
을 올리고 그 위에 구운 코코넛 슬라
이스를 올린다.

part 5

쿠키

쿠키를 만들 때는 먼저 버터와 달걀은 쿠키 만들기 1시간 정도 미리 냉장고에서 꺼내 실온에 둔다. 너무 차가운 상태에서 사용하면 잘 섞이지 않을 뿐만 아니라 반죽이 분리될 수 있다. 말랑해진 버터는 거품기로 풀어서 설탕을 넣고 버터와 섞이게 젓는다. 이 과정에서 설탕 입자가 완전히 없어질 때까지 오래 섞으면 반죽이 묽어지고 구웠을 때 옆으로 쿠키가 퍼진다. 여기에 달걀을 넣고 고루 섞어서 체에 내린 박력분과 베이킹파우더를 넣고 밀가루가 보이지 않을 정도로만 가볍게 섞는다.

01 마카롱

밀가루를 넣지 않고 만드는 쿠키다. 마카롱은 달걀흰자를 이용해서 만드는데 속은 보드랍고 겉은 바삭하다. 다른 쿠키와 달리 반죽을 해서 팬에 짠 다음 표면을 건조시켜야 하는 과정이 있다. 반면 굽는 시간은 짧다. 날씨가 건조하고 좋은날 만들기 쉽다.

도구

오븐 팬

재료 (지름 4cm 10개 분량)

❶ 반죽

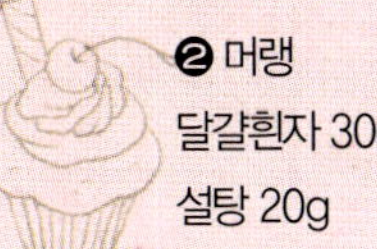

슈거파우더 40g

아몬드파우더 40g

❷ 머랭

달걀흰자 30g

설탕 20g

준비

1. 가루재료는 체에 두 번 내린다.
2. 머랭은 흰자에 설탕을 여러 번 나누어 넣고 끝이 뾰쪽할 정도로 거품을 올린다.

1 반죽하기

머랭에 체에 내린 가루를 넣고 반죽에 윤기나게 섞는다.

2 반죽 짜기 및 굽기

팬에 유산지를 깔고 짤주머니에 넣은 반죽을 짜고 말린 다음 160℃의 오븐에서 13분 정도 굽는다.

02 붓세

달걀의 흰자와 노른자의 거품을 이용해서 만든 붓세는 바닐라향이 나는 부드러운 식감을 가진 과자로 입에 넣으면 살살 녹는다. 프랑스어로 붓세란 한 입 크기의 과자라는 의미다. 붓세는 바삭하고 부드러움이 있는 고급 쿠키이며 여러 가지 크림이나 잼을 발라 두 개를 맞붙여 먹어도 좋다.

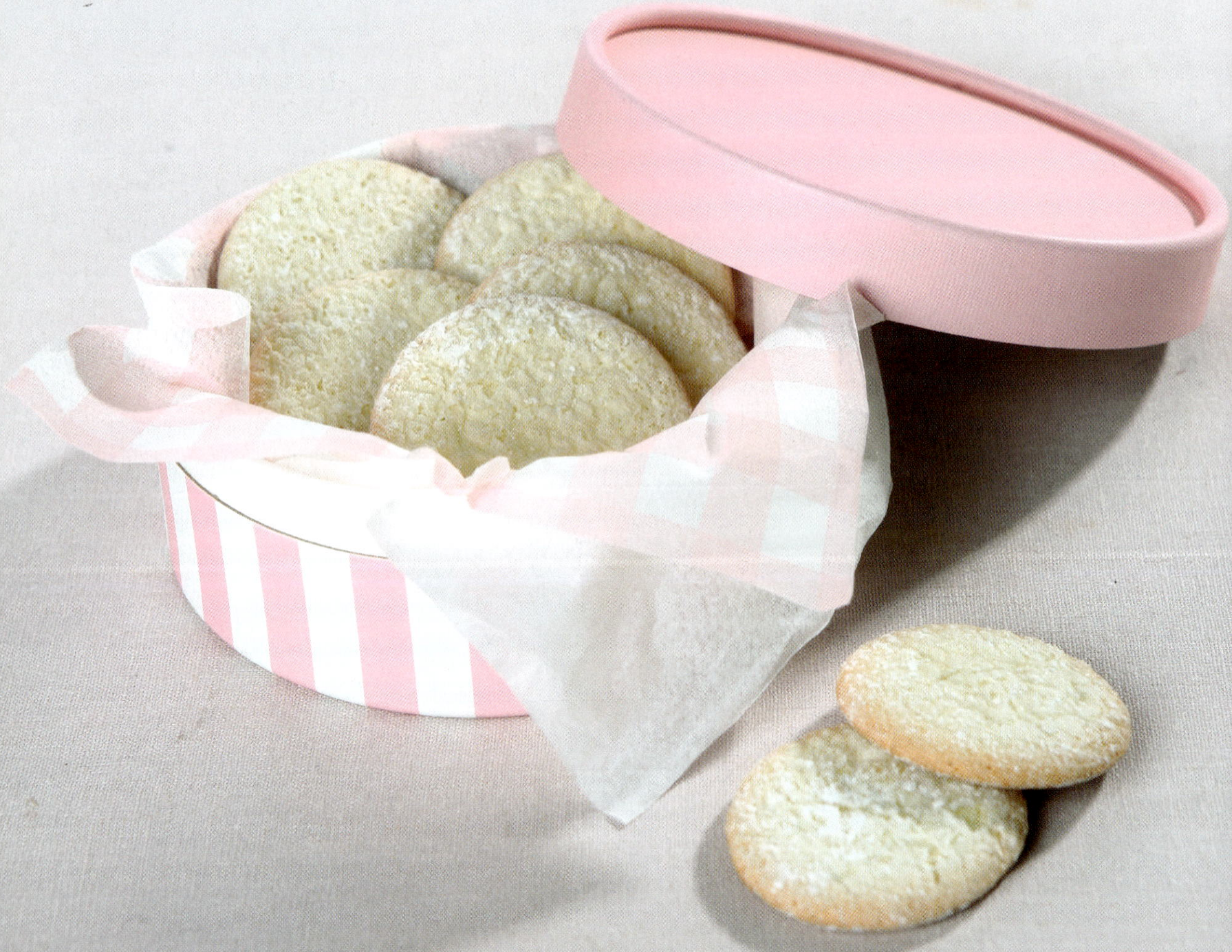

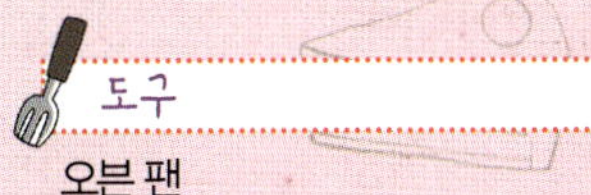

오븐 팬

재료 (지름 4cm 20~25개 분량)

❶ 반죽

박력분 110g
바닐라가루 2g

달걀노른자 4개
설탕 45g

❷ 머랭
달걀흰자 4개
설탕 60g

준비

1. 가루재료는 체에 두 번 내린다.
2. 달걀은 흰자와 노른자를 따로 분리한다.
3. 오븐은 200℃로 예열(5~10분)한다.

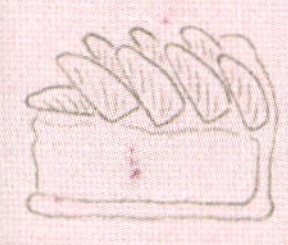

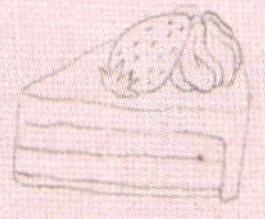

1 달걀노른자와 설탕 섞기

볼에 달걀노른자를 풀고 설탕을 넣어 섞는다.

2 머랭 만들기

달걀흰자에 설탕을 여러 번 나눠 섞으며 핸드믹서로 머랭을 만든다.

3 반죽하기

1에 체에 내린 가루재료를 섞고 2를 여러 번 나눠가며 주걱으로 섞는다.

4 오븐 팬에 반죽 짜기

반죽을 짤주머니에 넣고 유산지를 깐 오븐 팬에 동그란 모양으로 짠다.

5 오븐에서 굽기

모양낸 반죽 위에 슈거파우더를 듬뿍 뿌리고 200℃의 오븐에서 5분 정도 굽다가 160℃로 온도를 내려 10분 더 굽는다.

붓세를 구울 때는 앞뒤가 일정한 색이 나도록 처음에는 오븐을 200℃로 예열해 굽다가 5분 후에 160℃로 낮춘다. 온도를 낮추지 않고 그대로 구우면 쿠키 바닥이 진해져 모양이 예쁘지 않다.

초코칩 쿠키

초코칩 쿠키는 쿠키 속에 초코칩이 콕콕 박혀 달콤하게 씹히고 바삭해서 모두들 좋아하는 쿠키이다. 여기에 여러 가지 견과를 같이 넣고 구우면 더욱 고소한 초코칩 쿠키가 된다. 주로 호두를 초코칩과 같이 넣고 굽는다. 계피향이 살짝 들어가 더욱 맛이 있다.

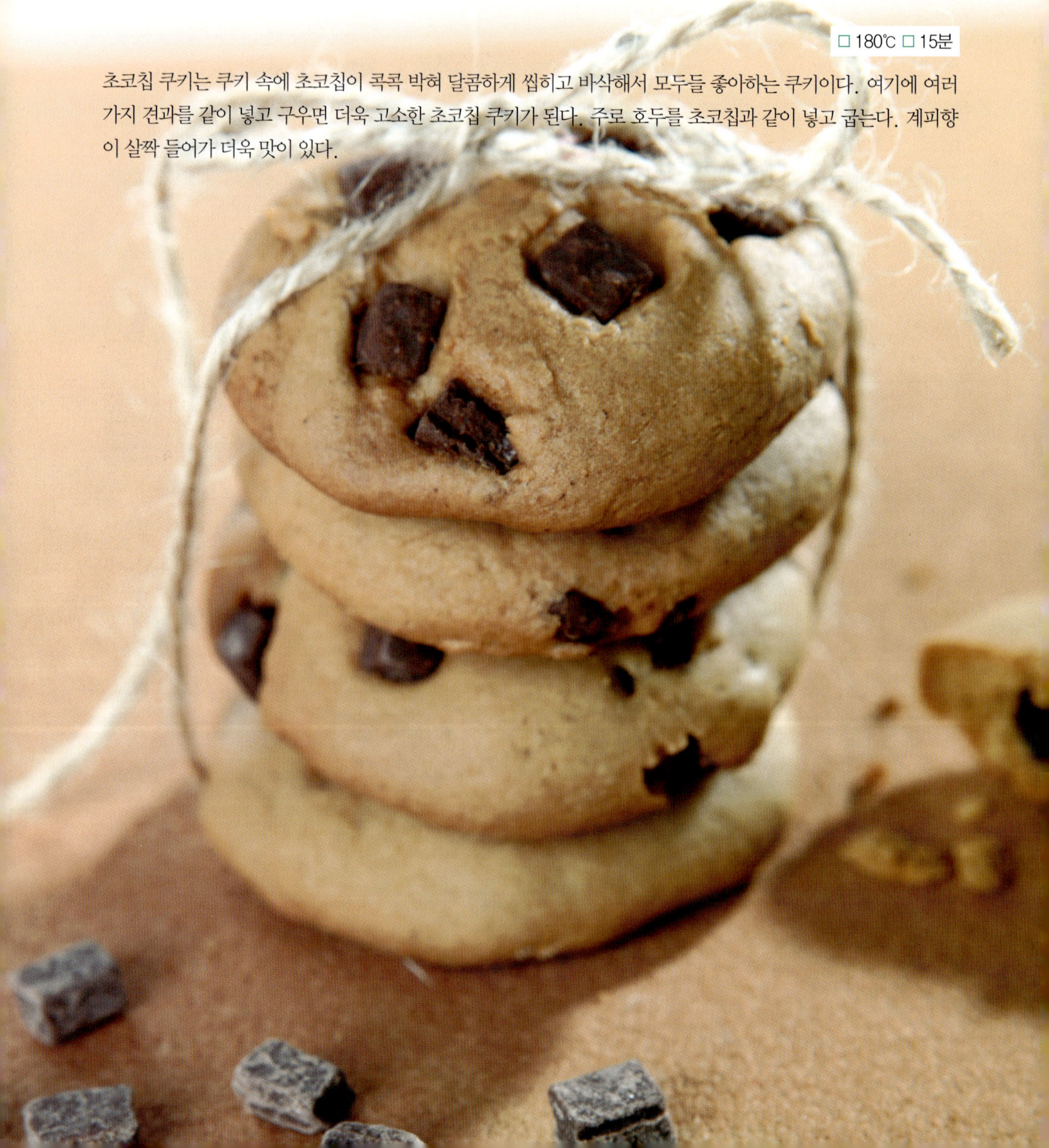

오븐 팬

❶ 반죽

강력분 100g
바닐라가루 2g
베이킹파우더 3g
계피가루 1g

버터 50g
흑설탕 50g
소금 ⅛작은술
달걀 ½개
호두 30g
초코칩 70g

❷ 토핑
초코칩 30g

1. 가루재료는 체에 두 번 내린다.
2. 버터는 실온에 꺼내 둔다.
3. 오븐은 180℃로 예열(5~10분)
한다.

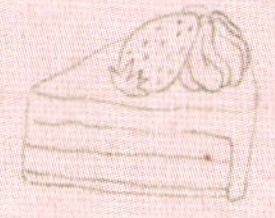

1 버터에 달걀 섞기
실온에 꺼내 두었던 버터를 크
림화한다.

2 1에 흑설탕과 소금, 달걀을 넣
고 고루 섞는다.

3 반죽하기
체에 내린 가루재료를 2에 섞
은 후 호두와 초코칩을 넣는다.

4 오븐 팬에 올리기
반죽을 오븐 팬에 한 숟가락씩
가지런히 올린 다음 초코칩을 조금
씩 올린다.

5 오븐에 굽기
반죽을 180℃의 오븐에 넣어
15분 정도 굽는다.

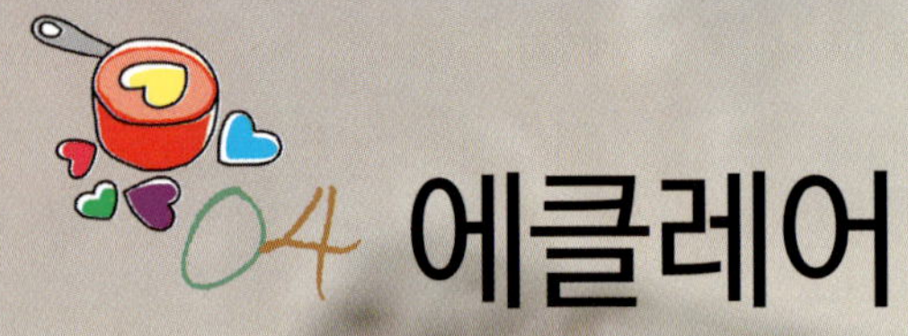

에클레어

에클레어는 짜는 모양에 따라 여러 형태로 만들 수 있다. 구운 다음 가운데를 잘라서 커피크림이나 과일을 넣기도 하는데 넣는 재료와 크림에 따라 새로운 맛을 낸다. 슈 반죽을 길게 짜서 굽는 프랑스 과자 에클레어는 여러 가지 재료를 토핑으로 올리거나 초콜릿 가나슈를 바른 후 스프링클을 뿌려 장식하기도 한다.

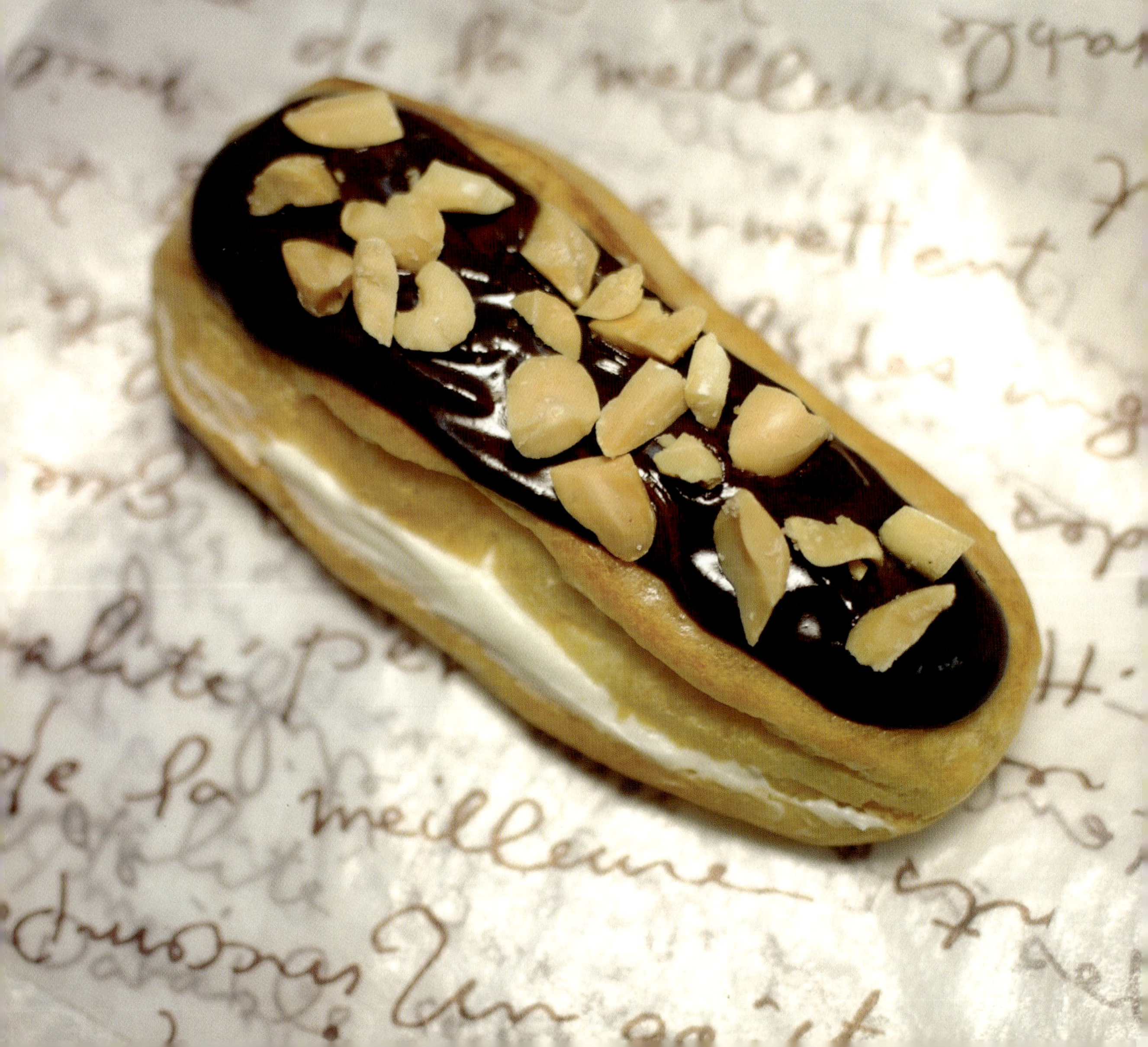

도구
오븐 팬

재료 (길이 6cm 10~15개 분량)

❶ 슈 반죽

박력분 60g

버터 55g
물 120g
달걀 2개
달걀물(달걀노른자 ½개, 물 5g)

❷ 초코 가나슈
다크초콜릿 30g
두유 30g

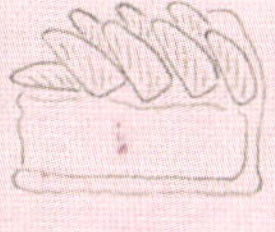
준비
1. 박력분은 체에 두 번 내린다.
2. 오븐은 170℃로 예열(5~10분) 한다.
3. 모양깍지를 준비한다.

1 슈 반죽하기
냄비에 물과 버터를 넣고 끓인다. 끓기 시작하면 불을 끄고 박력분을 고루 섞은 다음 다시 불을 켜고 냄비를 올린 후 중불에서 반죽이 한 덩어리가 되도록 주걱으로 볶는다. 그리고 다시 불을 끈 후 달걀을 넣고 고루 섞는다.

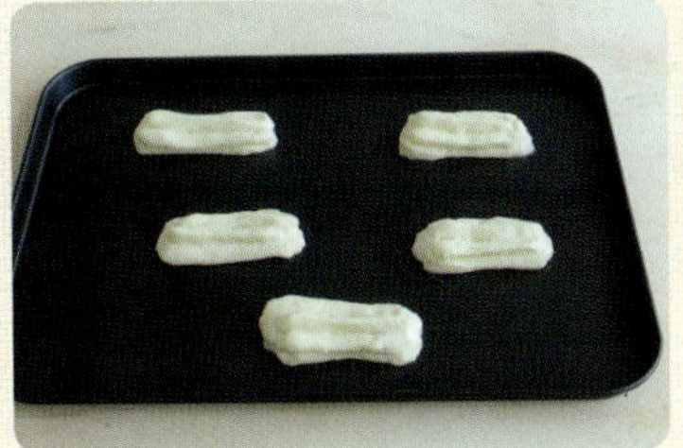

2 모양 짜기
짤주머니에 모양깍지를 끼고 슈 반죽을 넣어 오븐 팬에 10cm 길이로 짠다.

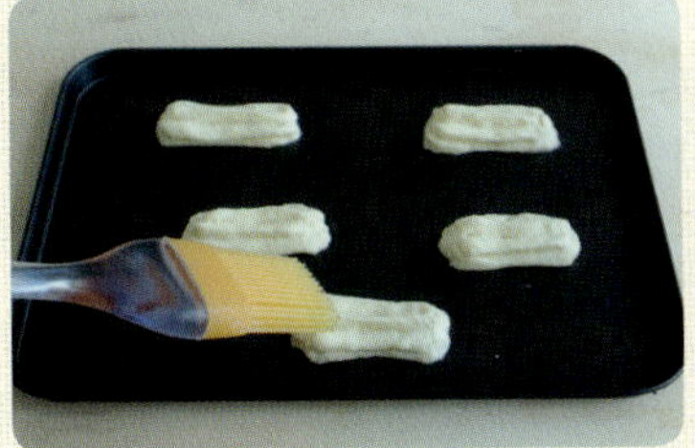

3 오븐에 굽기
반죽 위에 달걀물을 바르고 170℃의 오븐에서 20분간 굽는다.

4 초코 가나슈 만들기
두유를 뜨겁게 데운 다음 다크 초콜릿을 넣고 섞는다.

5 가나슈 올리기
구워진 에클레어 위에 초코 가나슈를 펴 바른 다음 굳으면 화이트 초콜릿으로 장식한다.

05 비스코티

비스코티는 이탈리아어로 '두 번 구웠다'는 뜻인데, 비스코티는 바삭하게 굽는 것이 포인트이다. 비스코티는 주로 견과나 초콜릿, 녹차가루 등을 넣고 굽는다. 여기에서는 커피를 넣어 향이 좋고 고소한 호두와 럼주에 재운 건포도가 들어 있어 맛있고 바삭바삭하다.

오븐 팬

박력분 90g
베이킹파우더 2g
커피가루 2g

달걀 1개
흑설탕 30g
카놀라유 10g
소금 ⅛작은술
호두 40g
건포도 40g
럼주 10g

1. 가루재료는 체에 두 번 내린다.
2. 오븐은 160℃로 예열(5~10분)
   한다.
3. 건포도를 럼주에 담가 30분 정도
   재운다.

1 호두 오븐에 굽기
호두를 적당한 크기로 자른 후 160℃의 오븐에서 5분 정도 굽는다.

2 재료 섞기
볼에 달걀, 흑설탕, 카놀라유, 소금을 넣고 거품기로 고루 섞는다.

3 반죽하기
2에 체에 내린 가루재료와 구운 호두, 럼주에 재운 건포도를 넣고 주걱으로 섞는다.

4 오븐에 굽기
반죽의 모양을 길쭉한 타원형으로 만들어 160℃의 오븐에서 20분 정도 굽는다.

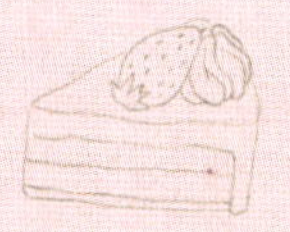

5 비스코티 자르기
구워낸 비스코티를 충분히 식힌 다음 1cm 정도 두께로 썬다.

6 한번 더 굽기
얇게 자른 비스코티를 오븐 팬에 하나씩 눕혀 담아 160℃의 오븐에서 10분간 더 굽다가 뒤집어서 5분간 더 굽는다.

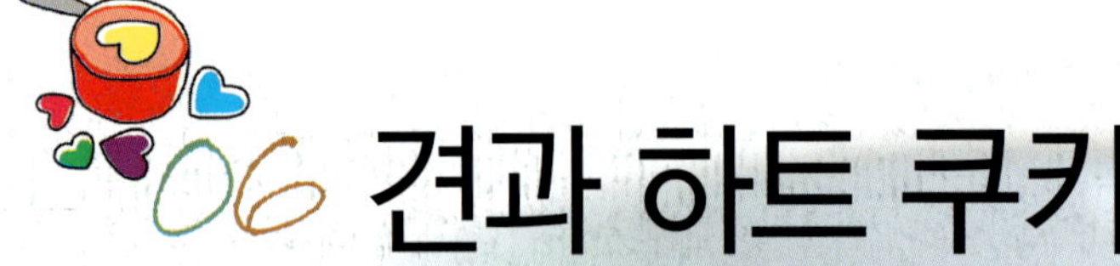

06 견과 하트 쿠키

□ 170℃ □ 15분

쿠키에 견과를 넣는 방법에는 여러 가지가 있다. 여기에서는 아몬드의 껍질을 벗기고 곱게 갈아 놓은 아몬드 가루를 넣었다. 이 쿠키는 구워서 아이싱(슈거파우더와 달걀흰자를 섞어 쿠키 위에 하는 장식)을 하기에 좋은 레시피로 만들어졌다. 쿠키 틀로 하트, 동물, 꽃 모양을 찍어서 구워 그 위에 다양한 색과 모양으로 아이싱할 수 있다.

도구

오븐 팬

재료 (3cm 30개 분량)

❶ 반죽

박력분 100g
아몬드가루 20g
베이킹파우더 2g

버터 60g
설탕 50g
달걀 ½개

❷ 아이싱크림
달걀흰자 ½개
슈거파우더 100g
레몬즙 ½작은술
딸기즙 조금

준비

1. 가루재료는 체에 두 번 내린다.
2. 오븐은 170℃로 예열(5~10분)
   한다.

1 버터와 달걀 섞기
버터에 설탕과 곱게 푼 달걀을 넣고 섞는다.

2 반죽하기
체에 내린 가루재료를 1에 넣고 주걱으로 고루 반죽한다.

3 휴지시키기
반죽을 동그랗게 뭉쳐서 랩으로 감싸고 냉장고에 넣어 30분 정도 휴지시킨다.

4 모양내기
반죽을 밀대로 밀어 납작하게 펴고 쿠키커터로 찍어 모양을 낸 후 170℃의 오븐에서 15분 정도 굽는다.

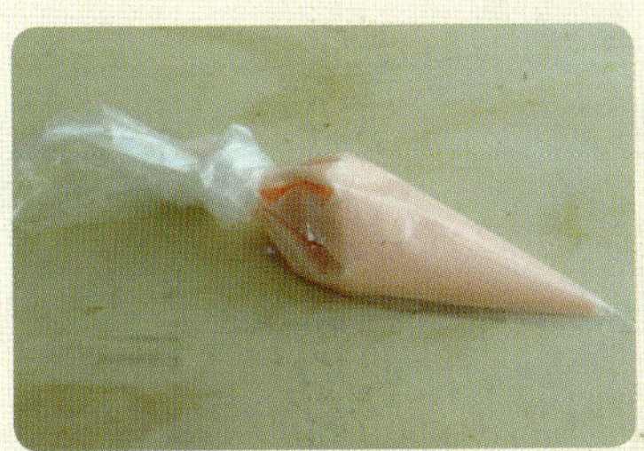

5 아이싱크림 만들기
달걀흰자와 슈거파우더, 레몬즙, 딸기즙을 고루 섞은 다음 짤주머니에 넣는다.

6 쿠키에 아이싱하기
충분히 식힌 쿠키 위에 짤주머니에 담긴 아이싱크림을 짜 다양한 무늬를 그린다.

아이싱크림의 농도는 쿠키 위에 그림을 그릴 때는 되게, 채우기를 할 때는 약간 묽게 하는 것이 좋다. 농도 조절은 레몬즙이나 슈거파우더로 한다.

07 생강 쿠키

생강을 넣어 만든 진저맨이다. 생강은 혈액순환을 도와 몸을 따뜻하게 해주고 찬 기운으로 인한 몸의 이상을 치유하는 것으로 알려져 있는데 쿠키에 생강이 들어가면 맵지도 않고 향긋해서 아이들도 좋아한다.

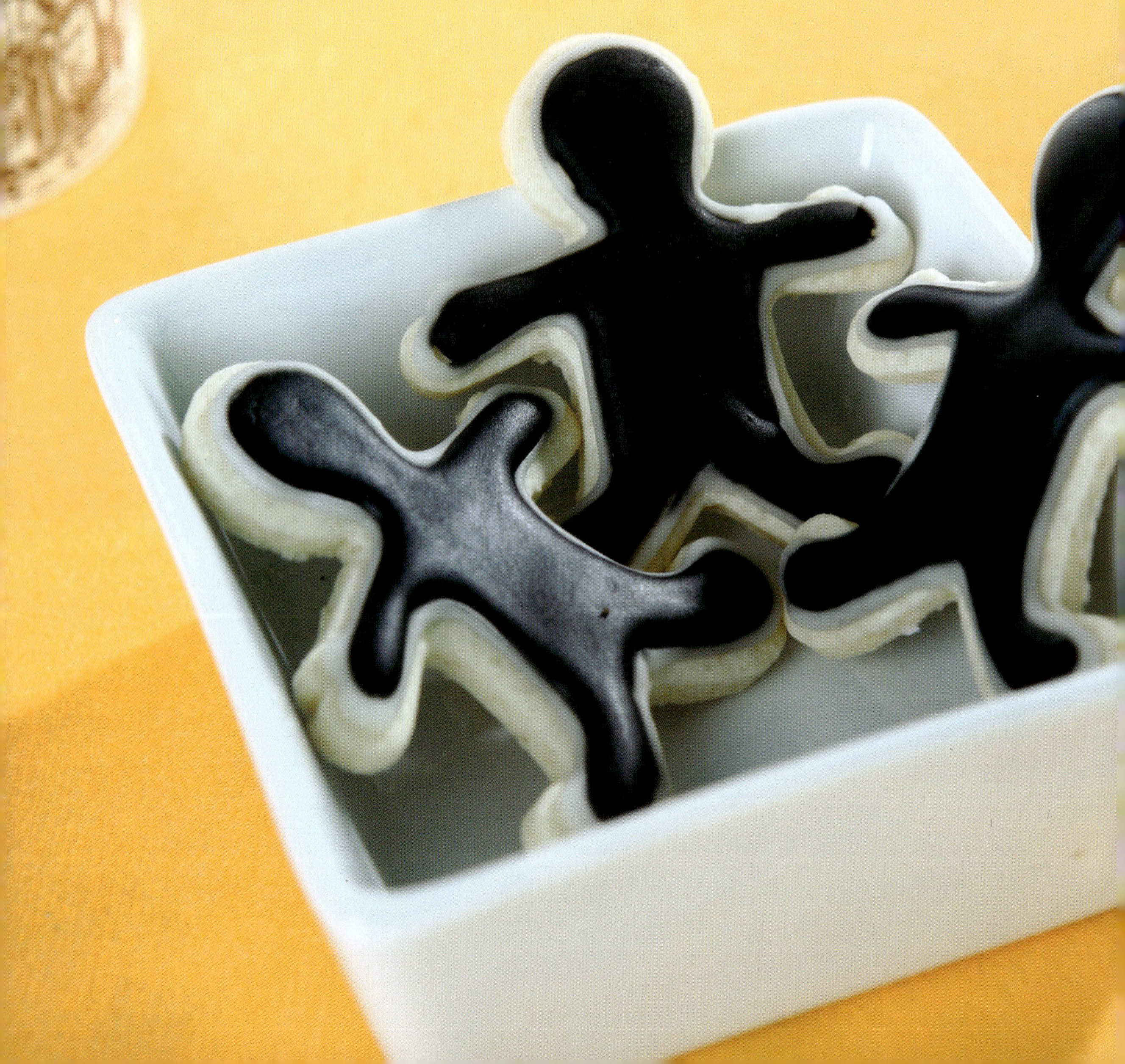

1 버터와 달걀 섞기
버터에 설탕과 소금, 곱게 푼 달걀을 넣어 골고루 섞는다.

2 반죽하기
체에 내린 가루재료를 1에 넣고 주걱으로 섞어 반죽한다.

3 휴지시키기
반죽을 동글려 비닐에 담아 냉장고에 1시간 정도 두고 휴지시킨다.

4 모양내기
휴지시킨 반죽을 밀대로 밀어 납작하게 펴고 쿠키커터로 눌러 모양을 찍는다.

5 오븐에 굽기
모양낸 반죽을 170℃의 오븐에 넣어 15분 정도 굽는다.

6 아이싱크림 올리기
초코 아이싱 재료를 고루 섞고 짤주머니에 담아 충분히 식힌 쿠키 위에 그림을 그린다. 윌튼색소는 원하는 만큼만 넣는다.

08 시리얼 쿠키

쿠키 만들 때 시리얼을 재료로 사용하면 바삭하고 맛있는 쿠키가 된다. 늘 똑같은 방법으로 먹기보다 시리얼을 쿠키 속에 넣어 즐겨보자. 시리얼 쿠키는 고소하고 영양도 많아 특히 아이들 간식으로 좋다. 여기에 잡곡이나 견과 등을 다양하게 넣어 색다른 맛과 모양의 쿠키를 만들 수 있다.

오븐 팬

통밀가루 50g
박력분 50g
베이킹파우더 2g

카놀라유 45g
흑설탕 60g
소금 ⅛작은술
두유 30g
시리얼 40g

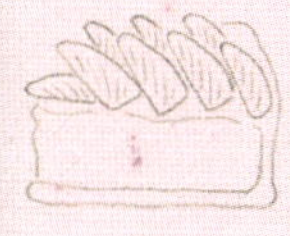

1. 가루재료는 체에 두 번 내린다.
2. 오븐은 170℃로 예열(5~10분)
   한다.

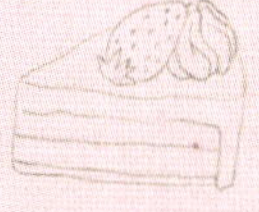

1 시리얼 으깨기
시리얼을 그릇에 담아 숟가락으로 적당히 으깬다.

2 재료 섞기
두유와 카놀라유, 흑설탕, 소금을 한 데 섞는다.

3 반죽하기
2에 으깬 시리얼과 체에 내린 가루재료를 넣고 주걱으로 섞어 반죽한다.

4 오븐 팬에 반죽 떠 놓기
오븐 팬 위에 반죽을 한 숟가락씩 떠 놓은 다음 납작하게 눌러가며 모양을 낸다.

5 오븐에 굽기
모양낸 반죽을 170℃의 오븐에서 13분~15분 정도 굽는다.

09 치즈 쿠키

파마산 치즈가루를 넣고 쿠키를 만들면 소금을 따로 넣지 않아도 되고 달지 않게 즐길 수 있다. 만드는 방법은 간
단하며 치즈가 들어가 고소하면서 깊은 맛이 살아있다. 간단한 재료로 집에서 쉽게 만들어 볼 수 있는 치즈 쿠키
는 반죽을 밀대로 길게 밀어 자연스러운 모양으로 만들어 굽는다.

오븐 팬

박력분 90g

버터 40g
달걀 1개
치즈가루 20g
건포도 20g
럼주 10g

1. 박력분은 체에 두 번 내린다.
2. 건포도를 럼주에 담가 30분 정도
   재운다.
3. 오븐은 180℃로 예열(5~10분)
   한다.

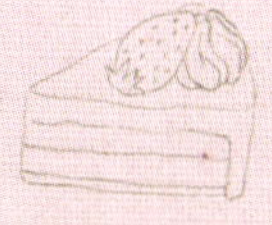

1 버터 녹이기
버터는 중탕으로 녹인다.

2 달걀, 치즈가루 섞기
볼에 달걀을 풀고 치즈가루를
넣어 고루 섞는다.

3 반죽하기
2에 녹인 버터와 체에 내린
박력분, 건포도를 넣어 반죽한다.

4 모양내기
반죽을 10g씩 나눠 밀대로 납
작하게 밀어 10cm 길이의 긴 타원
형을 만든다.

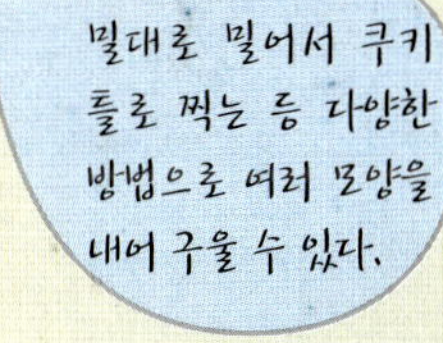

5 오븐에 굽기
모양낸 반죽을 180℃의 오븐
에서 10분 정도 굽는다.

10 오트밀 쿠키

통밀은 흰 밀가루에 비해 보존제도 들어 있지 않고 식이섬유도 많아 건강에 좋다. 오트밀 쿠키는 몸에 좋은 통밀과 오트밀을 넣어서 만든 곡물쿠키로, 영양이 풍부한 좋은 쿠키이기도 하지만 바삭하게 씹히는 맛도 좋다.

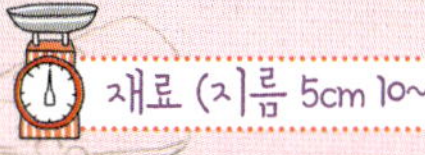

도구

오븐 팬

재료 (지름 5cm 10~15개 분량)

통밀가루 40g
박력분 45g
베이킹파우더 3g

오트밀 80g
견과류 50g
두유 20g
카놀라유 35g
설탕 50g

준비

1. 가루재료는 체에 두 번 내린다.
2. 오븐은 175℃로 예열(5~10분)
한다.

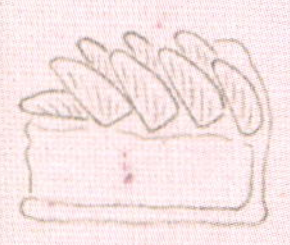

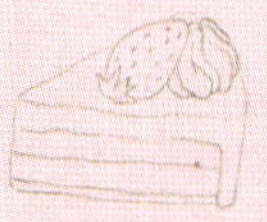

1 오트밀 볶기

오트밀을 팬에 담아 색이 날 정
도로만 살짝 볶는다.

2 재료 섞기

볼에 두유와 카놀라유, 설탕
을 넣고 섞는다.

3 반죽하기

2에 체에 내린 가루재료와 볶
은 오트밀, 견과류를 넣고 주걱으로
섞는다.

4 오븐 팬에 반죽 올리기

반죽을 오븐 팬에 한 숟가락씩
떠 놓고 납작하게 눌러 모양을 다듬
는다.

5 오븐에 굽기

모양낸 반죽을 175℃의 오븐
에서 15분 정도 굽는다.

단호박 쿠키

□ 170℃ □ 15분

단호박은 영양분이 많아 몸에도 좋지만 칼로리가 낮아 다이어트 식품이기도 하다. 삶아서 으깨거나 얇게 썰어서 또는 반죽에 그대로 넣기도 한다. 노랗게 구워진 동그란 단호박 쿠키는 모양이 예뻐서 선물하기에도 좋다. 또 단호박 껍질은 색이 진해서 쿠키나 케이크 장식에 많이 쓴다. 단호박은 말려서 가루를 내어 반죽에 넣고 굽기도 한다.

도구

오븐 팬

재료 (지름 4cm 20개 분량)

박력분 110g
베이킹파우더 3g

단호박 50g
버터 30g
설탕 30g
소금 ⅛작은술
달걀노른자 1개
호박씨 조금

준비

1. 가루재료는 체에 두 번 내린다.
2. 오븐은 170℃로 예열(5~10분)
   한다.

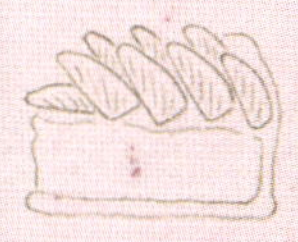

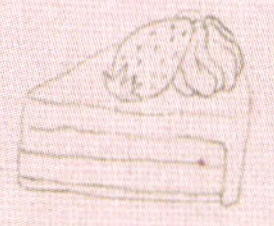

1 단호박 준비하기
단호박은 씨를 발라내고(이후 장식으로 쓸 수 있다) 전자레인지에 3~5분 정도 돌려 속살만 곱게 으깬다.

2 버터와 달걀 섞기
볼에 버터와 설탕, 소금, 달걀 노른자를 넣고 골고루 섞는다.

3 반죽하기
체에 내린 가루재료와 으깬 단호박을 2에 넣고 주걱으로 반죽한다.

4 모양내기
반죽을 6g씩 나눠 작고 동그란 모양을 만들어 오븐 팬에 올린다. 반죽 위에 호박씨를 하나씩 올리며 손으로 눌러준다.

5 오븐에 굽기
반죽을 170℃의 오븐에 넣어 15분 정도 굽는다.

녹차 쿠키

□ 170℃ □ 15분

녹차 쿠키의 모양을 길게 하였는데 반죽을 해서 밀은 다음 일정한 크기로 잘라서 구웠다. 그대로 구워도 되지만 살짝 비틀어 모양을 내었다. 반죽을 녹차와 흰색 두 가지로 종류로 해서 검은깨로 모양을 낸 쿠키다. 검은깨가 입 안에서 톡톡 터지면서 고소하다. 길게 구운 녹차 쿠키는 손에 들고 크림이나 잼 등을 찍어서 즐길 수 있다.

도구

오븐 팬

재료 (길이 7cm 20~25개 분량)

❶ 흰 반죽

박력분 80g

버터 50g
설탕 35g
달걀노른자 ½개

❷ 녹차반죽

박력분 75g
녹차가루 5g

버터 50g
설탕 35g
달걀노른자 ½개
검은깨 1작은술

준비

1. 버터는 실온에 꺼내 둔다.
2. 박력분은 체에 두 번 내린다.
3. 오븐은 170℃로 예열(5~10분)
   한다.

1 흰 반죽하기
버터에 설탕과 달걀노른자를 섞은 다음 박력분 80g을 넣어 반죽한다.

2 녹차반죽하기
버터에 설탕과 달걀노른자를 섞은 다음 박력분 75g과 녹차가루를 넣어 반죽한다.

3 반죽 밀기
흰 반죽과 녹차반죽을 밀대로 밀어 납작하게 펴고 두 반죽을 겹쳐 올린 후 깨를 뿌리고 가장자리를 잘라 사각형을 만든다.

4 반죽 꼬기
반죽을 1cm 두께로 길쭉하게 썬 후 비틀어 꽈배기 모양을 만든다.

5 오븐에 굽기
모양낸 반죽을 170℃의 오븐에 넣어 15분 정도 굽는다.

블루베리 쿠키

쿠키 반죽에 말린 블루베리를 넣고 만들었다. 부드럽게 부서지는 쿠키에 몸에도 좋은 블루베리가 들어가서 새콤함과 달콤함을 더한다. 쿠키 반죽은 만들어 유산지에 싸서 냉동실에 얼려 두었다가 필요할 때 꺼내서 적당한 크기로 잘라서 굽는데 자르는 단면에 진보라색 블루베리가 보여서 구웠을 때도 예쁘다.

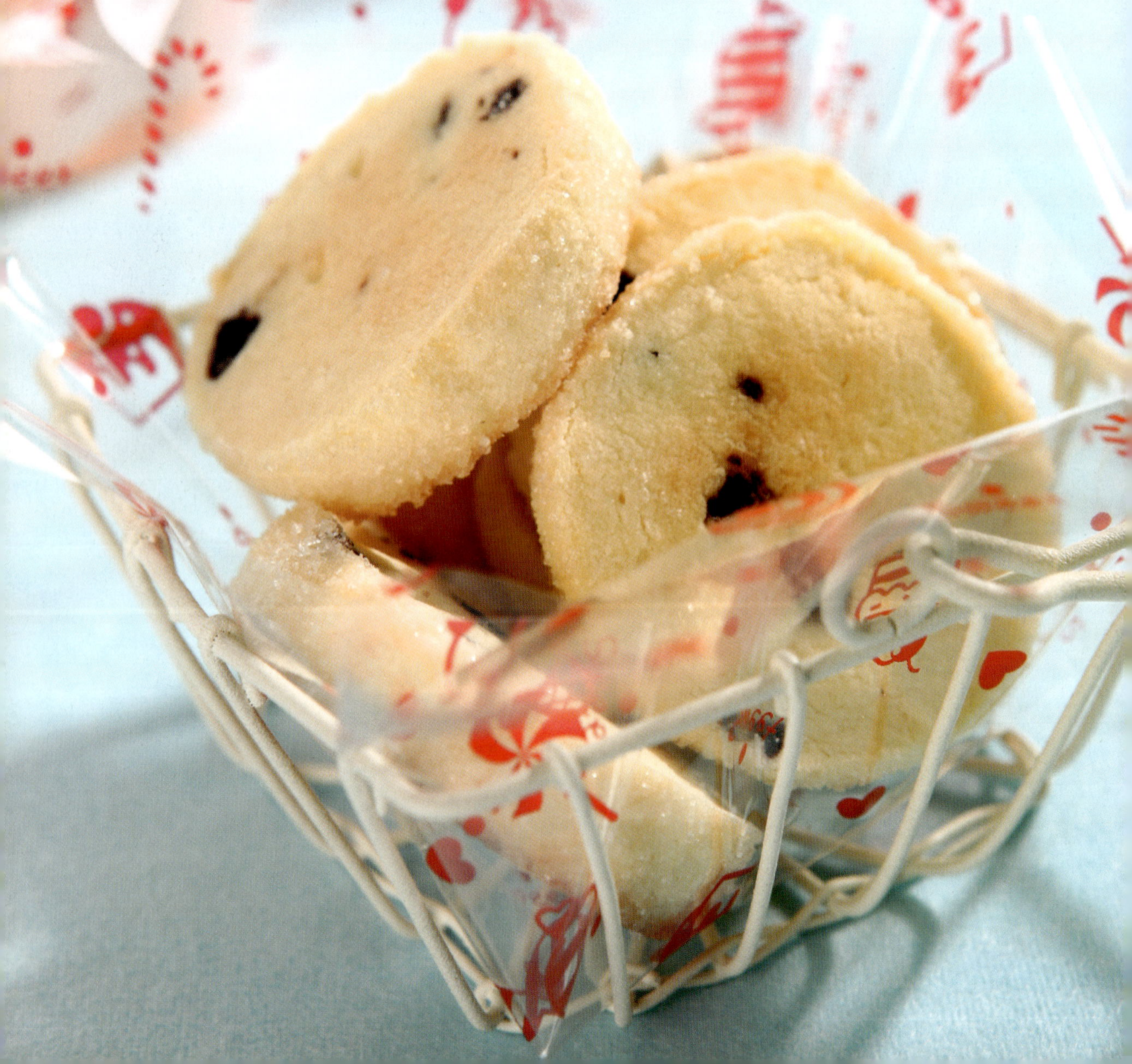

도구

오븐 팬

재료 (지름 3cm 15개 분량)

❶ 재료

박력분 75g
슈거파우더 30g

버터 50g
달걀 ½개
소금 ⅛작은술
말린 블루베리 30g

❷ 토핑

설탕 조금
달걀흰자 1개

준비

1. 가루재료는 체에 두 번 내린다.
2. 오븐은 170℃로 예열(5~10분)
   한다.

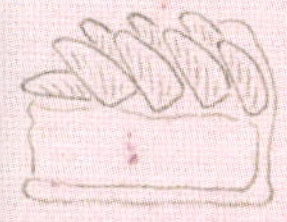

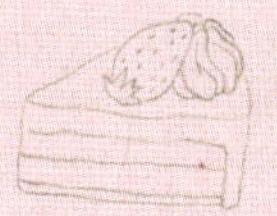

1 반죽하기

버터에 슈거파우더와 달걀, 소
금, 체에 내린 가루재료를 넣고 섞어
반죽한다.

2 블루베리 섞기

1의 반죽에 말린 블루베리를
넣고 고루 섞는다.

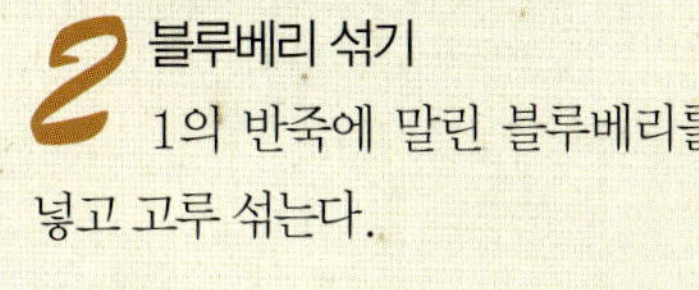

3 숙성시키기

반죽을 원기둥 모양으로 만들
어 유산지로 돌돌 말아 냉동실에 1
시간 정도 넣어둔다.

4 팬에 올리기

냉장고에서 꺼낸 반죽에 달걀
흰자를 바르고 설탕을 뿌린 다음 칼
로 잘라서 오븐 팬에 올린다.

5 오븐에 굽기

170℃의 오븐에서 15분 정도
굽는다.

14 만주

만주 가운데에 앙금을 동그랗게 빚어 넣어 호빵처럼 만들어서 구웠다. 달걀 노른자를 겉에 발라서 구운 다음 재미 있는 모양을 그려 넣었다. 초코펜으로 얼굴 표정을 여러 모양으로 그려 보는 호빵맨 만주, 아이들과 귀여운 호빵 맨을 같이 만들어 꾸며 보자.

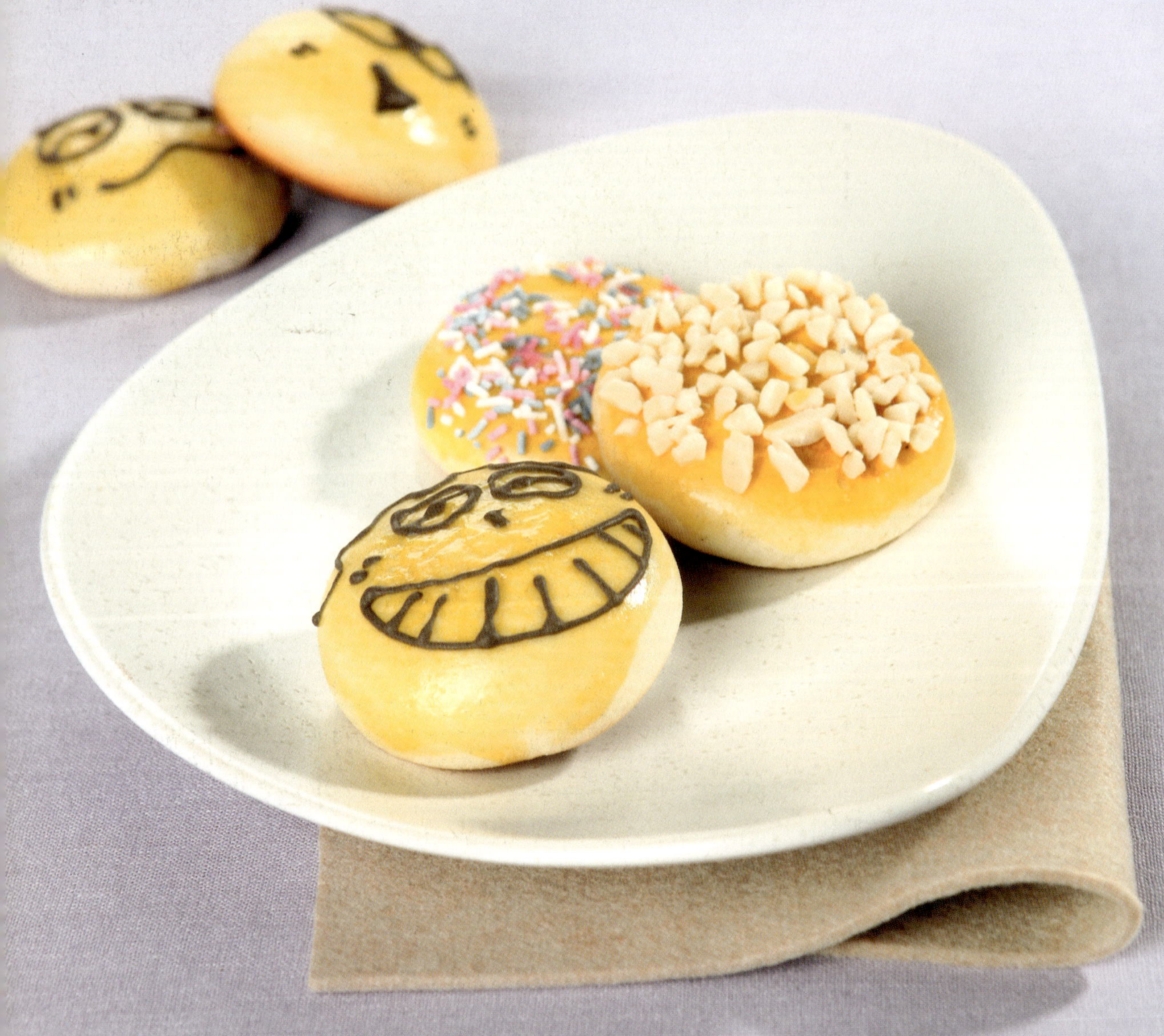

도구

오븐 팬

재료 (지름 4cm 7~10개 분량)

박력분 80g
베이킹파우더 2g

녹인 버터 5g
물엿 5g
달걀 ½개
설탕 20g
앙금 150g
달걀물(달걀노른자 ½개, 물 5g)

준비

1. 가루재료는 체에 두 번 내린다.
2. 오븐은 180℃로 예열(5~10분)
   한다.

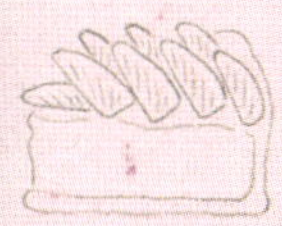

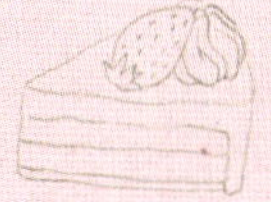

1 반죽하기
　버터에 달걀과 설탕, 물엿을 넣어 섞은 다음 체에 내린 가루재료를 넣고 반죽한다.

2 숙성시키기
　완성된 반죽을 뭉쳐서 냉장고에 30분 정도 넣어 둔다.

3 만주에 앙금 넣기
　반죽을 동그랗게 만들어서 만두피처럼 만든 다음 가운데 앙금을 넣고 싼다.

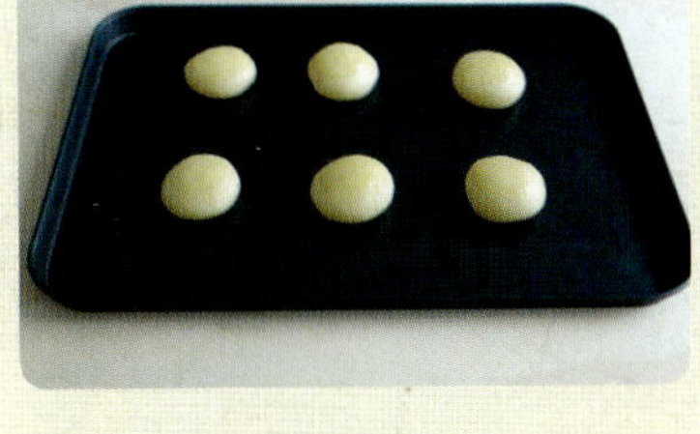

4 구워서 모양내기
　만주 위에 달걀물을 붓으로 바르고 180℃의 오븐에서 15분 굽는다.

5 장식하기
　초코 펜으로 얼굴 표정을 그린다.

15 초코 베이비 슈

슈를 만들 때 반죽을 해서 오븐에 넣고 슈가 부풀어 오르는 것을 보면 재미있다. 여기서는 팬에 반죽을 조금 짜서 슈를 작게 구웠다. 슈 반죽을 짰을 때 모양이 그대로 있어야 잘 구워지므로 반죽이 질지 않도록 한다. 크림 대신 초코 가나슈를 얹어 아이들이 좋아하도록 꾸몄다. 아이들에게 슈에 장식물을 올려 직접 꾸미게 하면 너무 좋아한다.

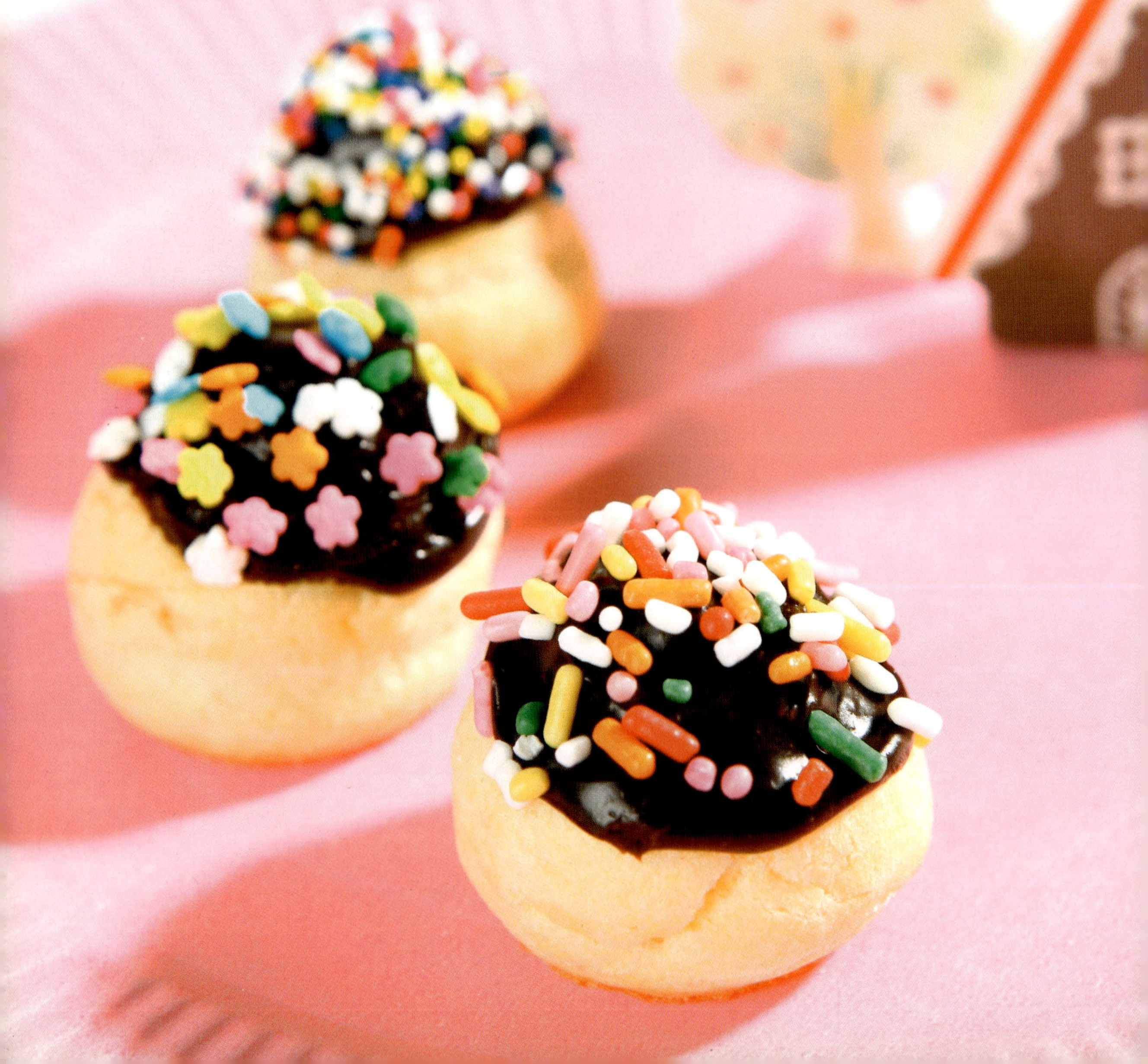

오븐 팬

재료 (지름 3cm 30개 분량)

❶ 반죽

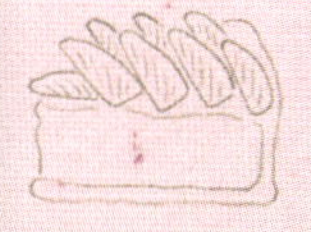

박력분 60g

버터 55g
물 120g
달걀 2개
스프링클 조금

❷ 초코 가나슈
다크초콜릿 40g
생크림 40g

준비

1. 박력분을 체에 두 번 내린다.
2. 오븐은 180℃로 예열(5~10분)
   한다.

1 반죽하기
냄비에 버터와 물을 넣고 끓인 다음 버터가 녹으면 불을 끄고 박력분을 섞는다.

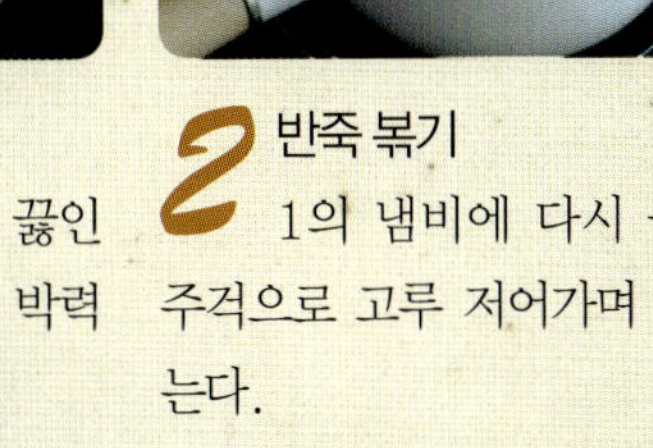

2 반죽 볶기
1의 냄비에 다시 불을 켜고 주걱으로 고루 저어가며 반죽을 볶는다.

3 달걀 섞기
2의 반죽에 곱게 푼 달걀을 조금씩 넣어가며 섞는다. 반죽이 노란색을 띠고 되직한 상태가 되면 불을 끈다.

4 오븐에 굽기
짤주머니에 모양깍지를 끼우고 반죽을 넣어 3cm 정도의 원으로 오븐 팬에 짠다. 그 위에 분무기로 물을 뿌린 후 180℃의 오븐에서 10분 정도 굽다가 150℃에서 10분 정도 굽는다.

5 초코 가나슈 만들기
생크림을 80℃ 정도 데워서 다크초콜릿을 넣고 녹인다.

6 초코 가나슈 바르기
구운 슈 위에 초코 가나슈를 바르고 스프링클을 올려 장식한다.

16 빼빼로

빼빼로 반죽은 만들기가 간단하고 쉽다. 구워서 화이트초콜릿에 녹차가루나 단호박가루 등 천연 가루를 섞어서 입혀도 되고 초코펜으로 레터링을 하거나 그림을 그려 넣어도 된다. 빼빼로데이에 직접 만든 빼빼로를 예쁘게 포장해 선물해 본다.

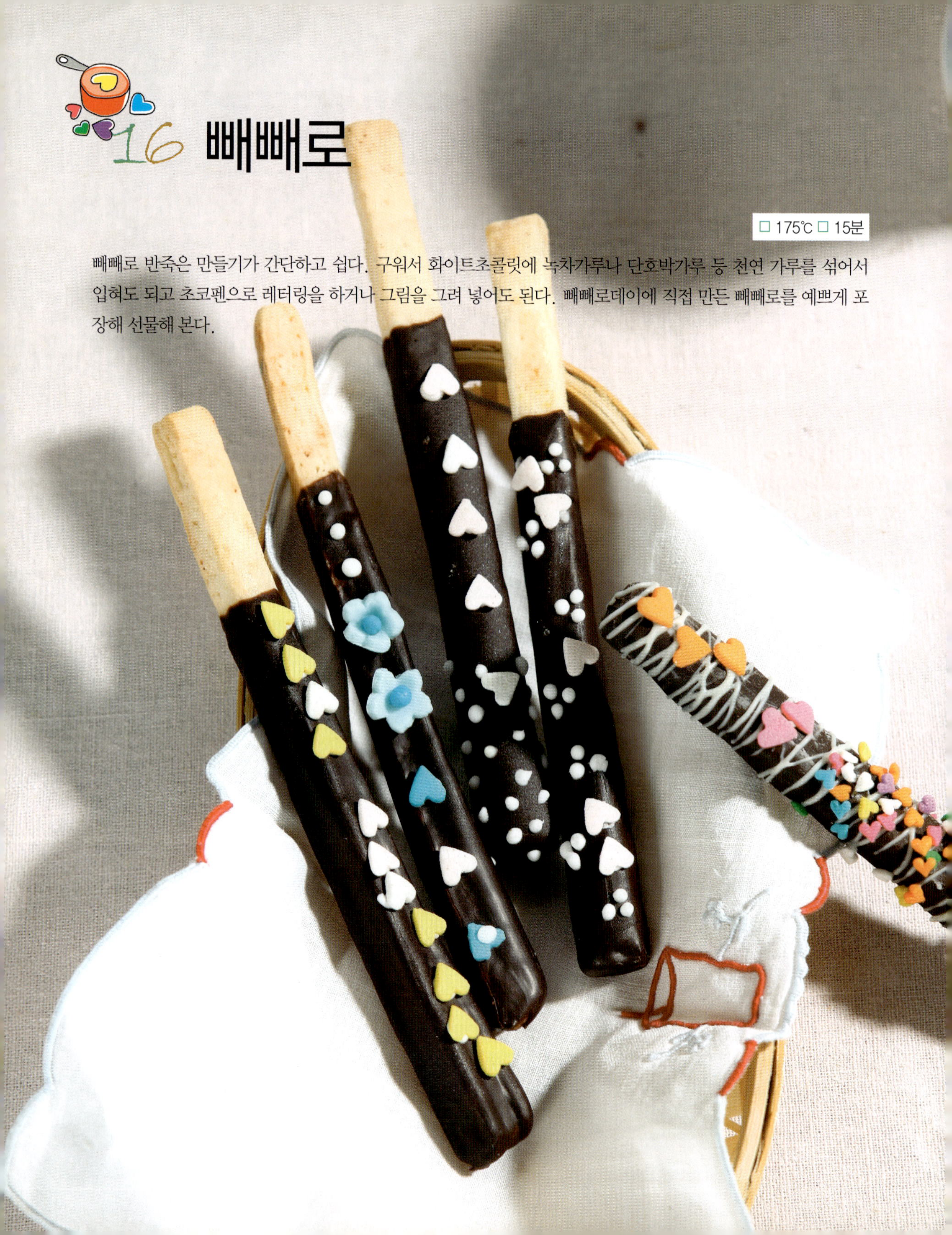

오븐 팬

박력분 110g
베이킹파우더 3g

버터 50g
설탕 40g
달걀 ½개
다크초콜릿 50g
바닐라 농축액 조금

1. 가루재료는 체에 두 번 내린다.
2. 버터는 실온에 꺼내 둔다.
3. 오븐은 175℃로 예열(5~10분)
   한다.

1 버터에 달걀 섞기
　버터에 설탕을 넣고 섞은 다음
달걀을 풀어 넣는다.

2 반죽하기
　1에 체에 내린 가루재료를 넣
어 반죽한다.

3 휴지시키기
　반죽을 밀대로 밀어 납작한
직사각형 모양을 만들고 랩으로 감
싼 다음 냉동실에 30분 정도 두어 휴
지시킨다.

4 오븐에 굽기
　반죽을 꺼내 두께 6mm 정도
로 밀고 빼빼로 모양으로 썬다.

5 175℃의 오븐에서 15분 정도
굽는다.

6 초콜릿 입히기
　초콜릿을 중탕으로 녹인 후 구
운 빼빼로의 ⅔까지만 입혀 굳히고
초콜릿 입힌 빼빼로에 슈거페이스트
나 스프링클을 뿌려 장식한다.

17 롤리팝 쿠키

반죽에 천연 색소를 넣고 여러 가지 색을 만들어 다양한 모양을 만들어 보는 쿠키이다. 쿠키 반죽으로 아이들이 좋아하는 롤리팝을 만들고 두 줄로 꼬아 리스 모양을 만들어 본다. 잘 늘어지는 반죽이므로 아이들과 같이 만들면 좋다.

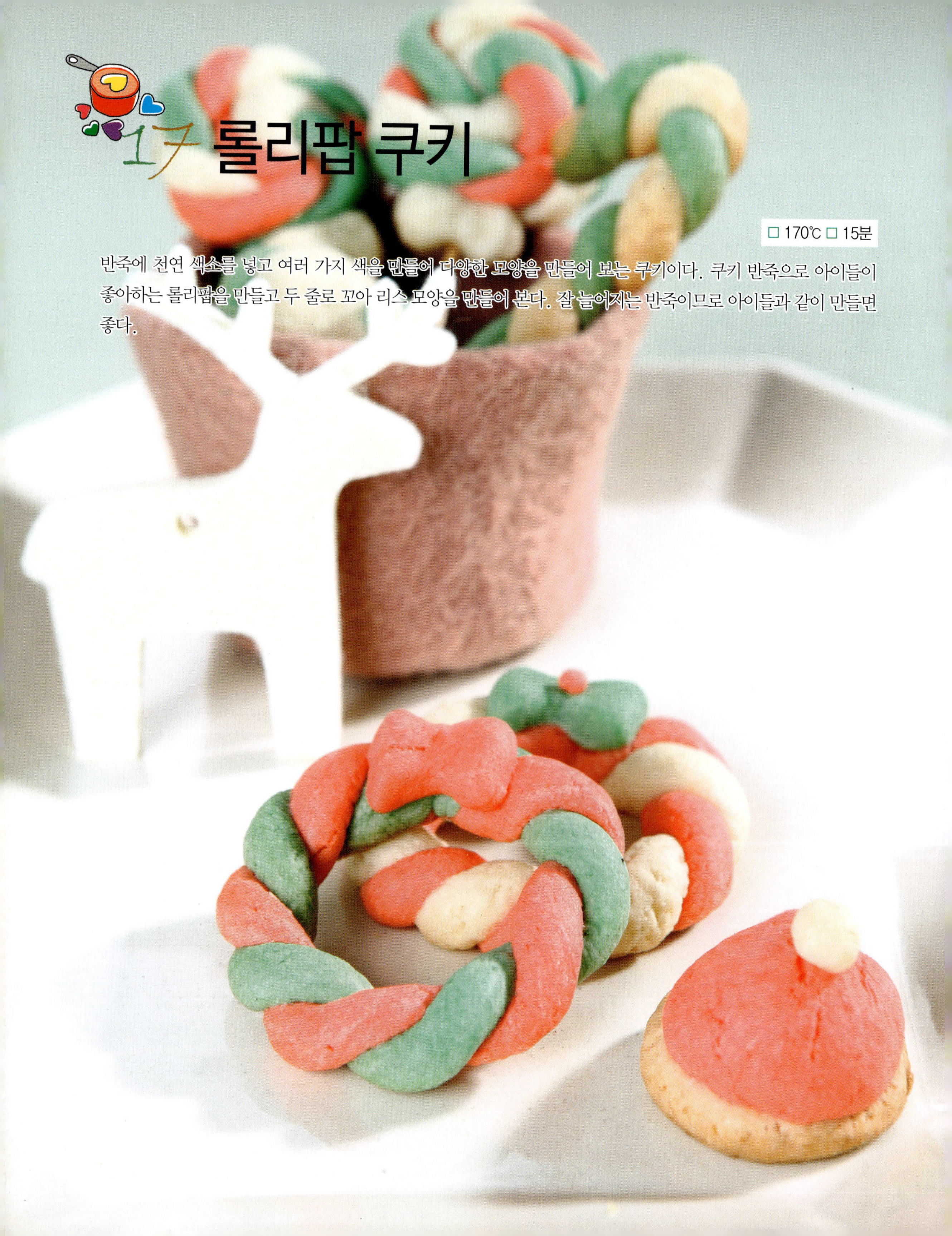

도구
오븐 팬

재료(지름 4cm 10개 분량)

박력분 80g

버터 50g
설탕 35g
달걀 ½개,
바닐라 농축액 1방울
윌튼 캘리그린(나무꼬치로 찍어서
아주 조금)
윌튼 레드(나무꼬치로 찍어서 아주
조금)

준비
1. 박력분은 체에 두 번 내린다.
2. 오븐은 170℃로 예열(5~10분)
   한다.

1 버터와 달걀 섞기
버터에 설탕을 넣고 섞다가 달
걀노른자와 바닐라 농축액을 넣어
섞는다.

2 반죽하기
1에 박력분을 넣어 반죽을 만
들고 3등분으로 나눈다.

3 반죽 색 넣기
두 개의 반죽에 각각 윌튼 캘
리그린, 윌튼 레드를 나무꼬치로 조
금 찍어서 넣고 주물러 색깔을 낸다.

4 롤리팝 모양 만들기
반죽을 가늘게 밀어서 두 줄로
꼰 다음 동그랗게 말고 나무꼬치를
꽂는다.

5 리스 모양 만들기
반죽을 두 줄로 꼬아서 동그랗
게 끝을 모은 다음 눌러서 붙인다.

6 오븐에 굽기
170℃의 오븐에서 15분 정도
굽는다.

part 6

타르트, 파이, 크레페

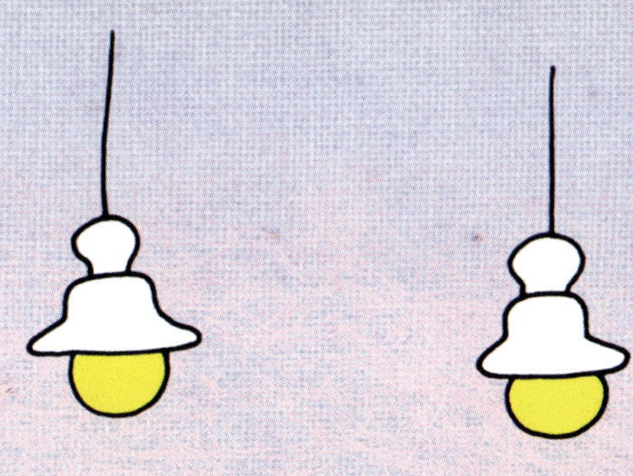

타르트와 파이는 사실 같은 뜻이다. 타르트는 프랑스어의 파이라는 뜻이고 영어로는 타르트를 파이라고 한다. 다 같이 둥글다는 라틴어의 어원에서 나온 것으로 타르트는 깔개 반죽을 구워서 그 속에 충전물을 넣고, 파이는 반죽 속에 유지가 결을 형성해 페이스트리처럼 층상 구조를 이루는 것으로 구별한다.

01 포도 타르트

□ 175℃ □ 25분

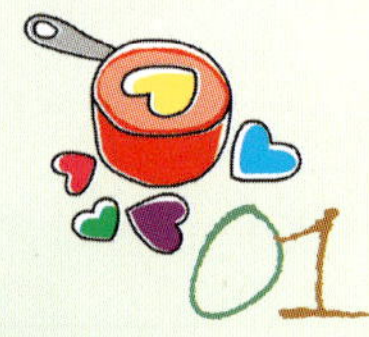

포도는 구약성서에 등장하거나 이집트벽화에 그림으로 그려진 것을 보면 오래전부터 우리에게 친숙하고 몸에 좋은 과일임에 틀림없다. 무기질이 풍부한 알칼리성 식품인 포도는 장운동이나 피로회복에 탁월한 과일이라고 한다. 타르트지는 견과를 넣어 반죽을 하였고 레몬을 반죽에 넣어 상큼함을 더했다.

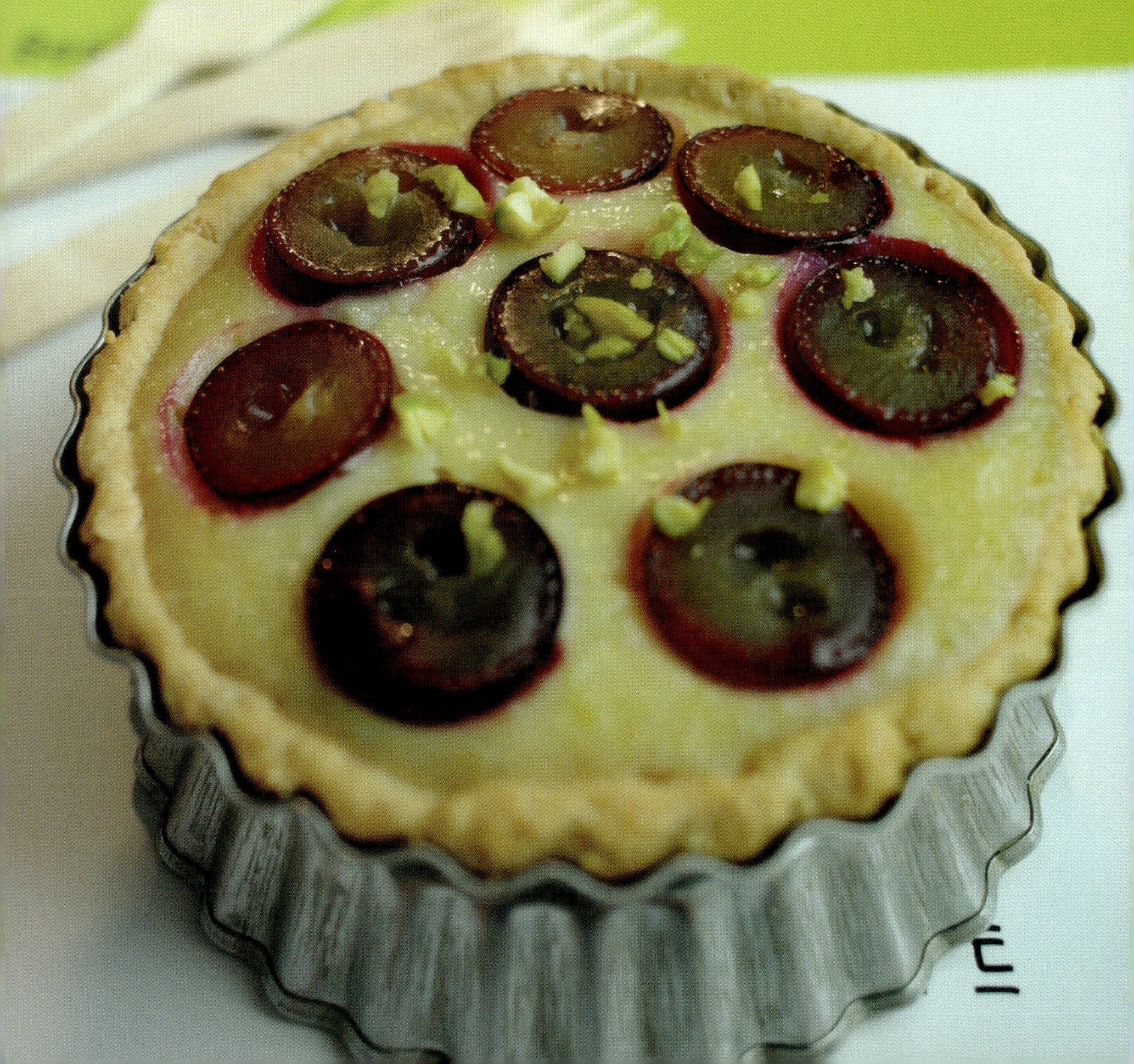

도구
10cm 타르트 틀 2개

재료 (3cm 30개 분량)

❶ 타르트

통밀 100g

호두 갈은 것 40g

조청 40g

두유 20g

소금 ¼작은술

❷ 필링

두부 150g

소금 ¼작은술

조청 60g

레몬 1/2개

전분 20g

❸ 토핑

포도 조금

준비
포도는 반으로 자르고 씨를 뺀다.

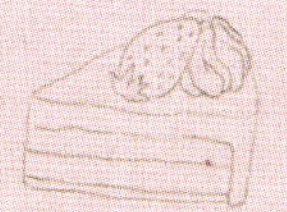

1 타르트지 굽기(P28 참조)
타르트 재료를 한 덩어리로 반죽하고 틀에 넣어 170℃에서 10분 정도 굽는다.

2 필링 만들기
두부와 소금, 조청, 레몬을 넣고 곱게 갈아서 전분을 섞는다.

3 필링 채우기
구워둔 타르트에 2를 넣고 위에 잘라둔 포도를 올린다.

4 굽기
175℃의 오븐에서 25분 정도 굽는다.

02 살구 타르트

간단하게 만드는 부드러운 타르트이다. 여러 가지 말린 과일을 이용해 만들 수 있다. 살구를 물에 담가 부드럽게 한 다음 사용했는데, 다른 방법으로 물기를 제거한 통조림 황도를 사용할 수도 있다. 타르트지 없이 한 번에 굽는다.

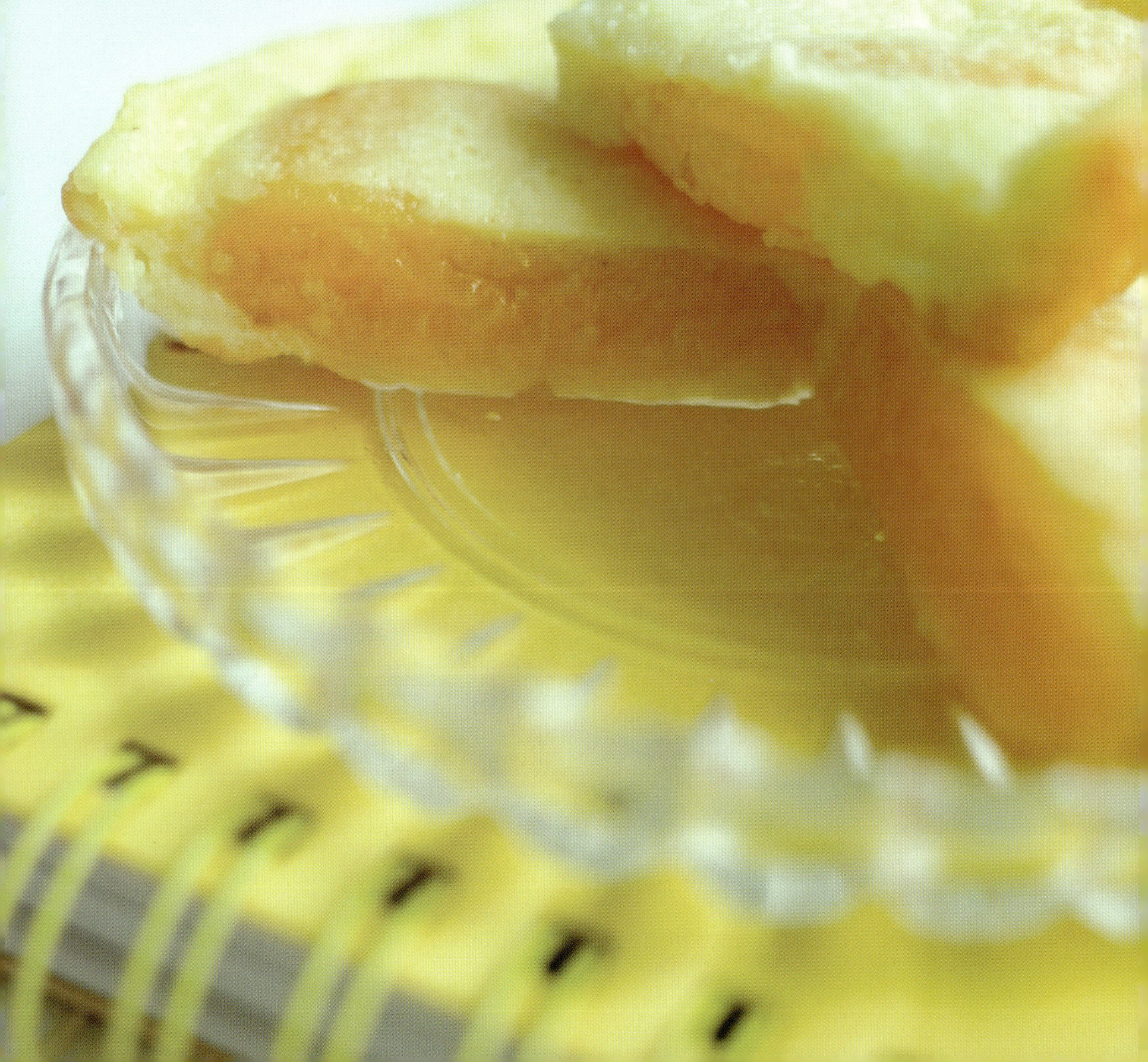

10cm 타르트 틀 3개

❶ 반죽
박력분 20g
달걀노른자 2개
유기농설탕 50g
우유 200g
생크림 50g
소금 조금
건살구 60g

❷ 머랭
흰자 1개
유기농설탕 5g

1. 살구는 물에 담가서 부드러워지
면 키친타월에 올려서 앞, 뒤로
물기를 제거한다.
2. 타르트 틀에 붓으로 오일을 발라
놓는다.

1 틀에 살구 넣기
타르트 틀에 말랑해진 살구를
넣는다.

2 재료 섞기
노른자를 푼 다음 유기농설
탕, 우유, 생크림, 소금을 고루 섞
는다.

3 가루 섞기
2에 박력분을 넣고 고루 섞
는다.

4 굽기
1에 반죽해 놓은 것을 틀에
80% 정도 붓는다.

5 170℃의 오븐에서 25~30분
정도 굽는다.

03 초코가나슈 타르트

□ 175℃ □ 15분

초콜릿을 녹여서 만든 부드러운 가나슈를 타르트에 넣어서 굳혔다. 바삭하게 구운 타르트와 달콤한 초콜릿이 잘 어울린다. 타르트 속엔 호두를 넣어서 살짝 씹히는 것이 고소함을 더한다. 초코가나슈는 만들기도 쉬워서 베이킹의 여러 곳에 유용하게 활용할 수 있다.

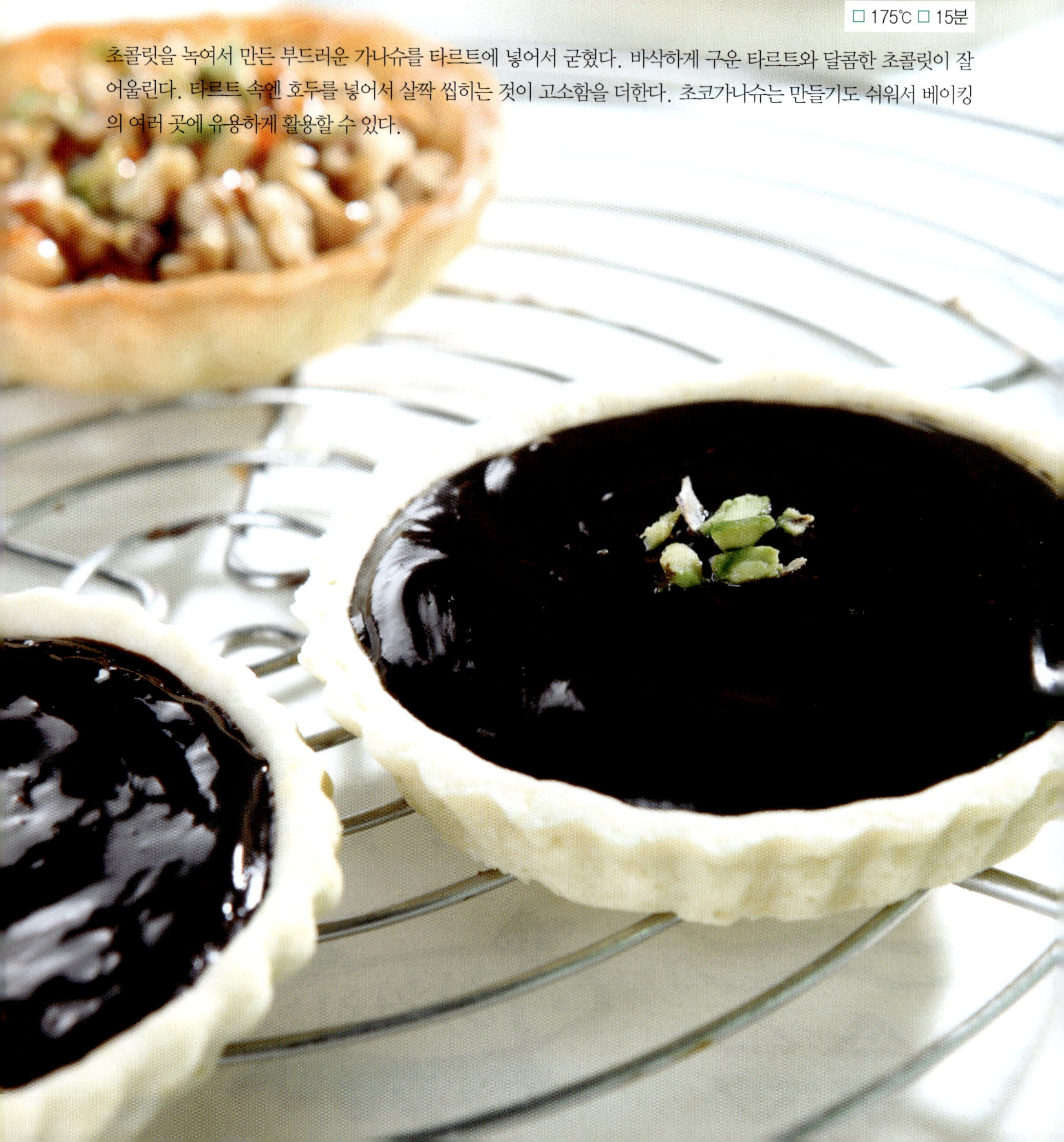

10cm 타르트 틀 1개

❶ 타르트지

박력분 45g
아몬드가루 10g
슈거파우더 20g

버터 30g
달걀노른자 1개
소금 ⅛작은술

❷ 초코가나슈
다크초콜릿 100g
생크림 70g
물엿 8g
버터 15g
다진 호두 20g

1. 가루재료는 체에 두 번 내린다.
2. 오븐은 175℃로 예열(5~10분)
   한다.
3. 버터는 실온에 꺼내 놓는다.

1 타르트지 굽기(P28 참조)
타르트 재료를 넣어 뭉친 후 지퍼백에 넣어 1시간 정도 냉장고에 넣었다가 5mm 정도로 밀어서 틀에 넣고 포크로 찍어 구멍을 낸다. 그리고 175℃의 오븐에서 15분 정도 굽는다.

2 초코 가나슈 만들기
냄비에 생크림과 물엿을 넣고 80℃ 정도로 데워서 다크초콜릿을 넣고 녹인다.

3 재료 섞기
2에 실온에 두어서 말랑해진 버터를 넣는다.

4 가나슈 굳히기
구워 놓은 타르트지에 호두를 넣고 3을 부어서 굳힌다.

04 딸기크림 타르트

계절마다 나는 여러 가지 과일을 가지고 다양하게 만들 수 있는 타르트다. 과일은 퓨레나 잼, 시럽, 조림 등을 해서 다른 재료와 섞어서 사용할 수도 있다. 딸기는 맛도 있지만 향이 좋고 크림치즈와도 잘 어울린다. 딸기 퓨레는 딸기가 나는 계절에 만들어 두었다가 사계절 즐길 수 있다.

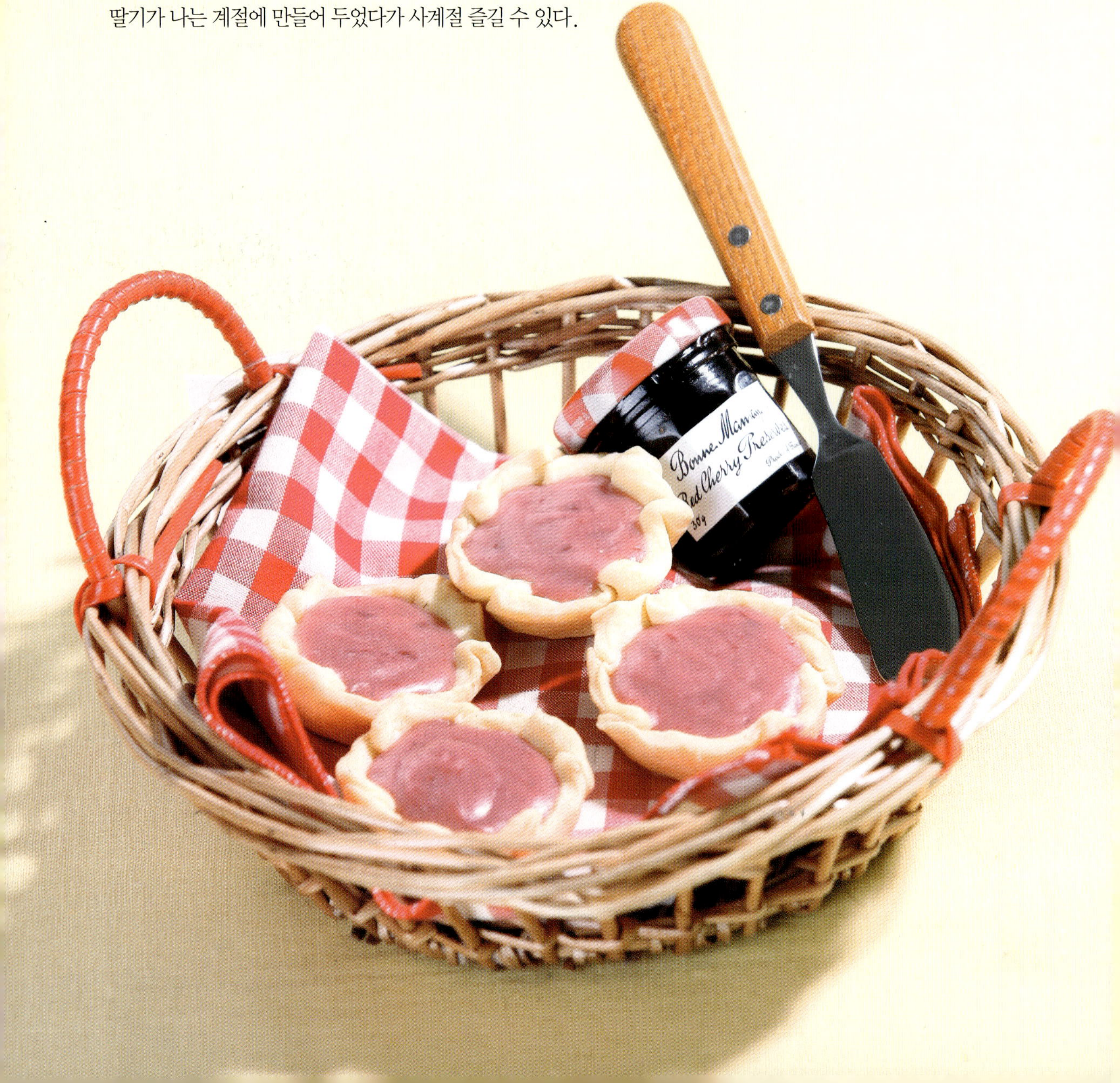

3cm 타르트 틀 5개

❶ 타르트

박력분 45g
아몬드가루 10g
슈거파우더 20g

버터 30g
달걀노른자 1개
소금 ⅛작은술

❷ 딸기크림

전분 7g
크림치즈 60g
설탕 10g
생크림 20g
달걀노른자 1개
딸기퓨레 20g

1. 가루재료는 체에 두 번 내린다.
2. 오븐은 180℃로 예열(5~10분)
   한다.

1 타르트지 굽기(P28 참조)

타르트 재료를 넣어 뭉친 후 지퍼백에 넣어 1시간 정도 냉장고에 넣었다가 5mm 정도로 밀어서 틀에 넣고 포크로 찍어 구멍을 낸다.

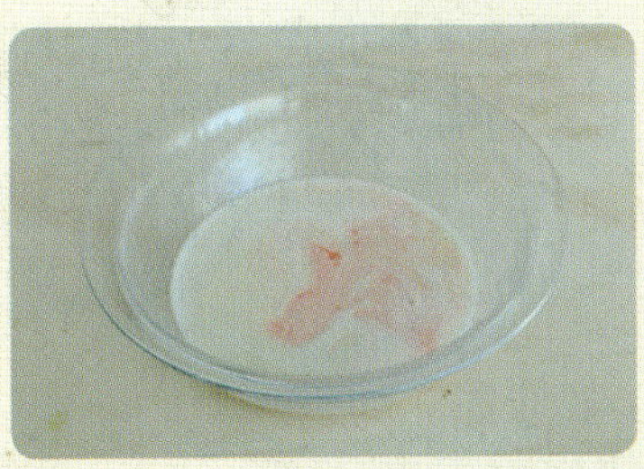

2 타르트지 굽기

175℃의 오븐에서 10분 정도 굽는다.

3 딸기크림 만들기

크림치즈를 풀어서 설탕과 달걀노른자, 딸기퓨레, 전분, 생크림을 순서대로 넣고 섞는다.

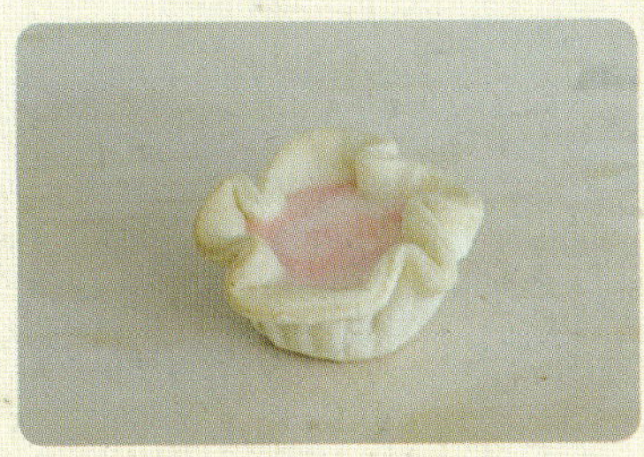

4 오븐에 굽기

구워둔 타르트지에 3을 붓고 180℃의 오븐에서 10분 정도 구워서 식힌다.

05 과일 타르트

신선한 생과일을 그대로 타르트에 올렸다. 위에 올리는 과일은 어느 과일을 이용해도 좋으며 상큼하고 달콤한 과일과 크림, 바삭한 타르트가 너무 잘 어울린다. 타르트지 반죽에 아몬드가루를 넣어서 한입 깨물면 바삭하고 고소하다.

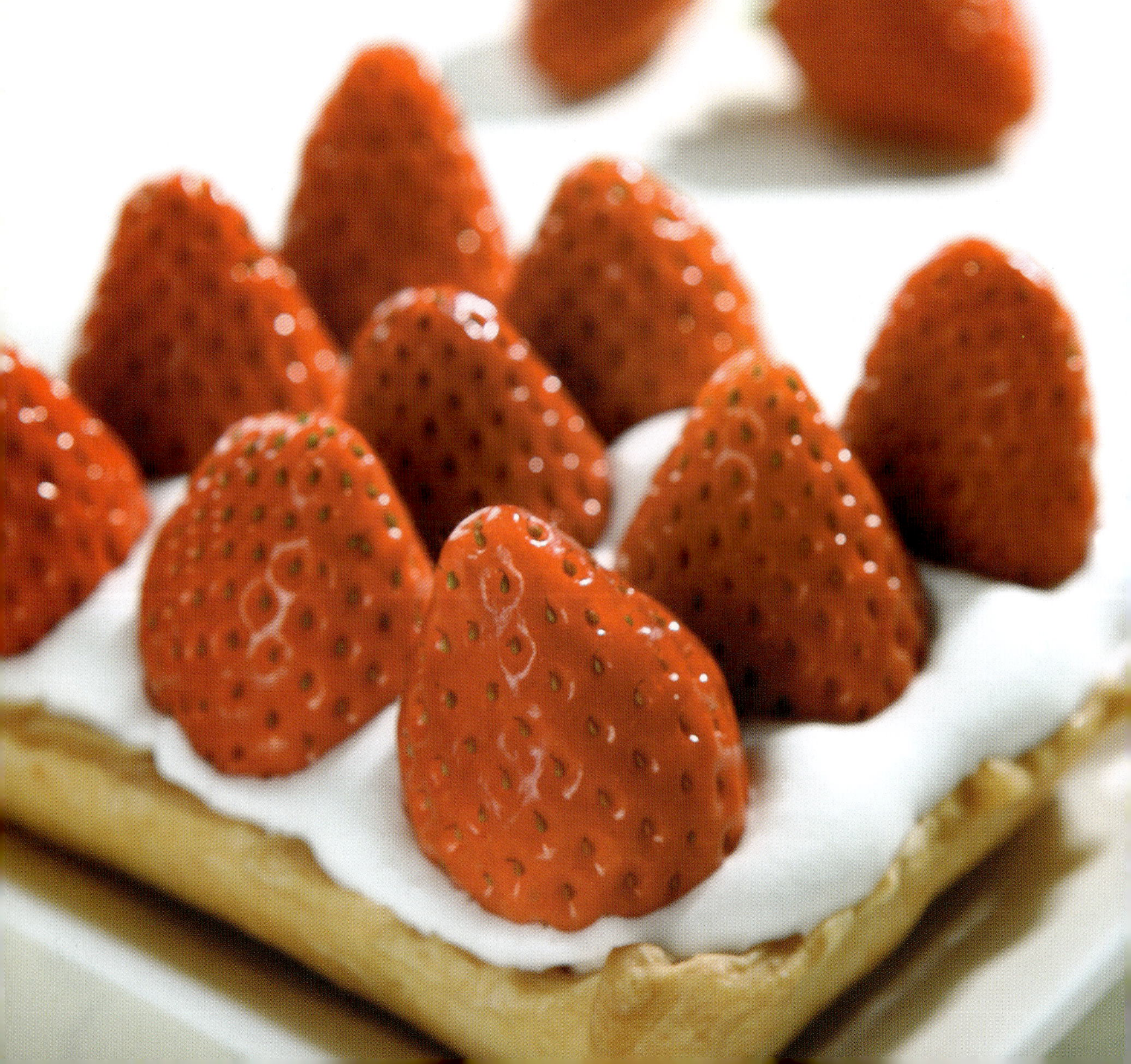

도구

7cm 타르트 틀 2개

재료

❶ 타르트지

박력분 45g
아몬드가루 10g
슈거파우더 20g

버터 25g
달걀노른자 1개
소금 ¼작은술

❷ 필링크림
생크림 100g
크림치즈 50g
설탕 ½작은술
바닐라 농축액 한 두 방울

❸ 토핑
딸기 40g

준비

1. 가루재료는 체에 두 번 내린다.
2. 오븐은 180℃로 예열(5~10분)
   한다.

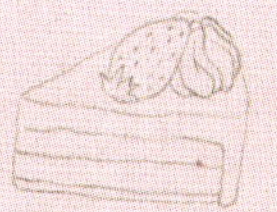

1 타르트지 굽기(P28 참조)
타르트 재료를 넣어 뭉친 후 지퍼백에 넣어 1시간 정도 냉장고에 넣었다가 5mm 정도로 밀어서 틀에 넣고 포크로 찍어 구멍을 낸다.

2 타르트지 굽기
175℃의 오븐에서 10분 정도 굽는다.

3 필링크림 재료 섞기
볼에 크림치즈를 풀어놓고 설탕, 바닐라 농축액, 생크림을 섞는다.

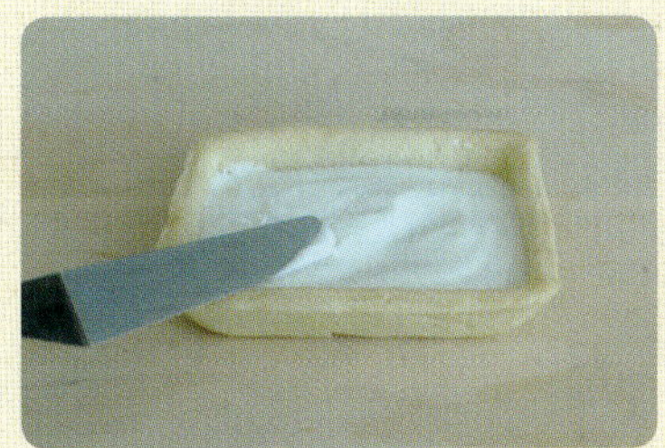

4 타르트지에 크림 채우기
타르트지에 만들어둔 크림을 적당히 채운다.

5 과일 올리기
필링크림을 채운 타르트 위에 과일을 예쁘게 올린다.

06 과일 크레페

크레페는 팬케이크의 일종으로 얇게 구워 '실크 같이'라는 뜻인데, 여러 겹을 구워서 크림을 바르고 올리는 크레페 케이크도 있다. 크레페는 여러 가지 토핑을 얹어 식사 대용이나 간식으로 먹기도 한다. 제철에 나는 과일들을 이용해 만든 크레페로 다양한 맛을 즐긴다.

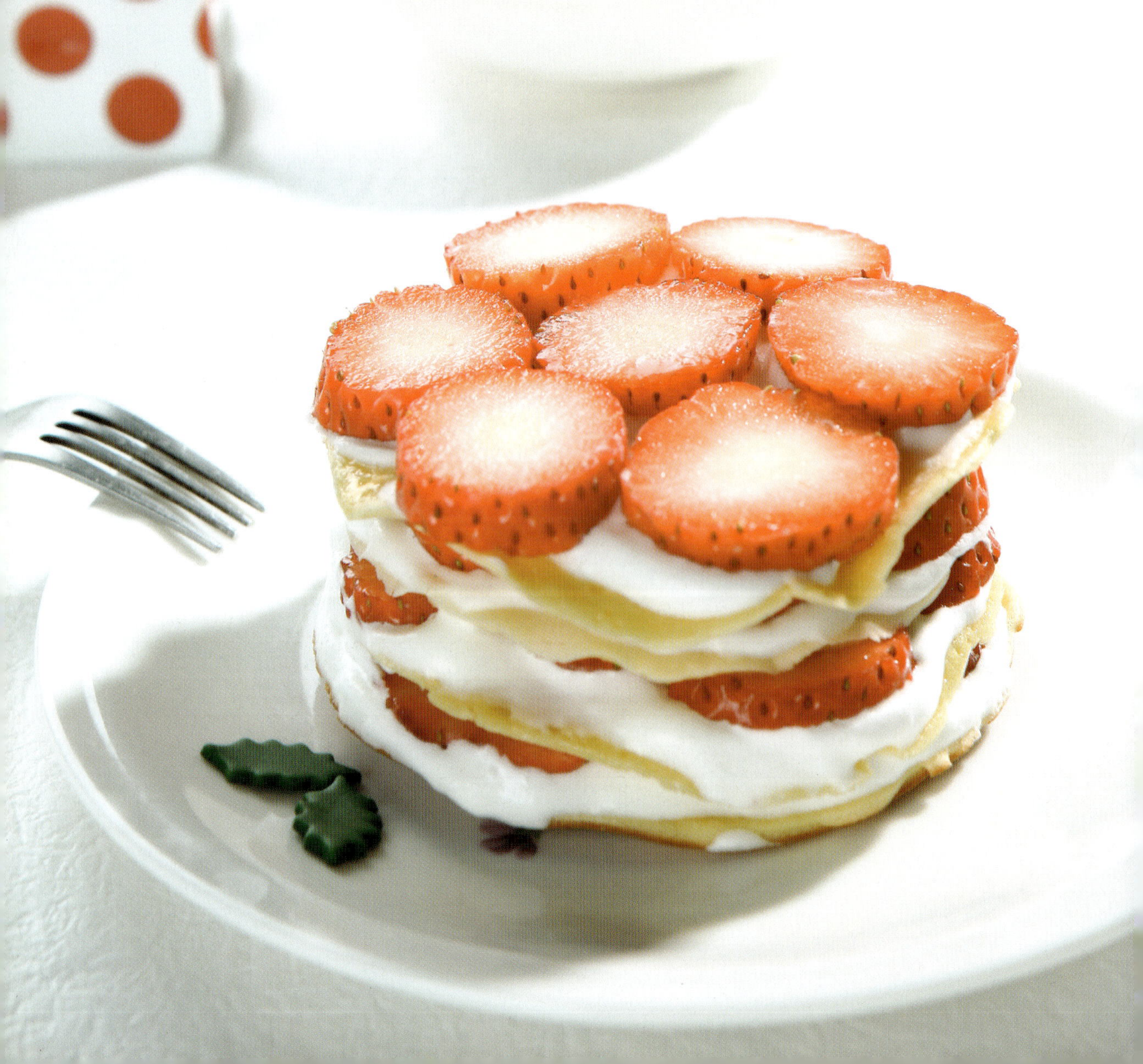

도구

팬

재료 (3cm 30개 분량)

❶ 크레페 반죽

박력분 40g

달걀 1개
우유 100g
카놀라유 1작은술
설탕 1작은술

❷ 토핑
생크림 15g
요거트 25g
레몬즙 10g
딸기 120g

준비

박력분은 체에 두 번 내린다.

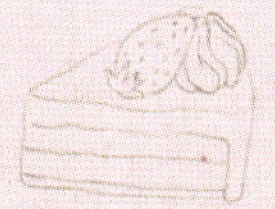

1 달걀과 우유 섞기
달걀을 풀어 우유를 넣고 고루 섞는다.

2 가루 섞기
1에 체에 내린 가루와 카놀라유, 설탕을 넣고 섞는다.

3 팬에 굽기
팬에 카놀라유를 두르고 키친 타월로 살짝 닦아낸 다음 반죽을 동그랗게 놓고 약한 불에서 앞뒤로 굽는다.

4 크림 만들기
생크림, 요거트, 레몬즙을 볼에 넣고 섞어서 크림을 만든다.

크레페 반죽을 만들어서 살짝 체에 거르면 더욱 부드러우며 한두 시간 정도 냉장고에 넣어 두었다가 구우면 쫄깃하고 부드러운 크레페가 되며 얇게 잘 구워진다.

5 크레페 말기
크레페에 크림을 올리고 딸기를 잘라 넣는다.

6 크레페를 돌돌 만다.

07 단호박 크레페

크레페는 얇게 구워서 크림을 바르거나 가운데 과일이나 시럽을 발라 층층이 쌓기도 하는데 자르면 마치 케이크 조각처럼 되기도 한다. 여기선 크레페 반죽을 살짝 구워서 색 다른 모양을 만들어 보았다. 단호박에 꿀을 넣어서 생크림과 함께 크레페에 올렸다.

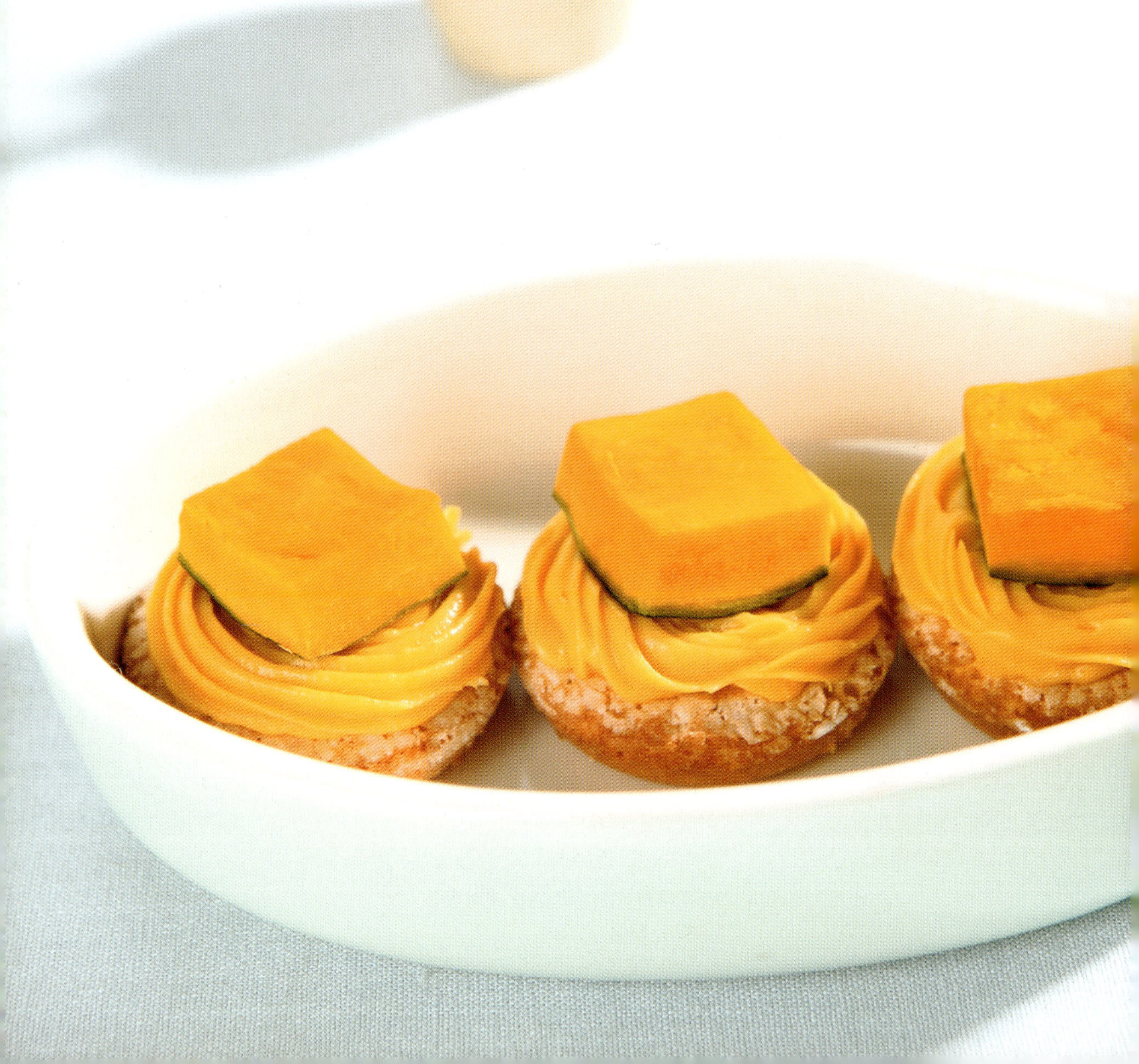

도구

지름 3cm 원형틀

재료

❶ 크레페 반죽

박력분 50g
바닐라가루 1g

달걀노른자 2개
설탕 20g

❷ 단호박 크림
으깬 단호박 100g
꿀 10g
생크림 50g

❸ 머랭
달걀흰자 2개
설탕 30g

❹ 토핑
삶은 단호박 적당량

준비

1. 가루재료는 체에 두 번 내린다.
2. 달걀흰자에 설탕을 넣고 풀어 머
   랭을 만든다.

1 단호박 크림 만들기
　으깬 단호박에 꿀과 생크림을 넣고 섞어서 짤주머니에 넣는다.

2 달걀노른자와 설탕 섞기
　볼에 달걀노른자와 설탕을 넣고 거품기로 섞는다.

3 반죽하기
　머랭을 만든(P27 참조) 후 머랭과 가루재료를 2에 넣고 고루 섞는다.

4 원형틀에 굽기
　원형틀에 반죽을 넣고 170℃의 오븐에서 10분 정도 구워 식힌다.

크레페 모양을 다르게 했다. 반죽을 넓적하게 굽지 않고 한입에 쏙 들어가도록 작은 틀에 구웠다. 모양도 예쁘고 먹기도 편하다.

5 크림 올리기
　구운 크레페에 짤주머니에 담긴 단호박 크림을 올리고 크림 위에 익혀서 잘라둔 단호박을 올린다.

08 화이트초코 레몬 파이

한 입 깨물면 달콤함과 고소함 그리고 레몬의 상큼함을 느낄 수 있다. 달콤한 것이 먹고 싶은 날을 위해 만들어 보는 레몬 파이다. 레몬은 소금으로 문질러 깨끗이 씻은 다음 껍질을 이용한다. 씻고 잘게 써는 수고가 따르지만 껍질이 살짝 씹히는 레몬 파이만의 특별함이 있다.

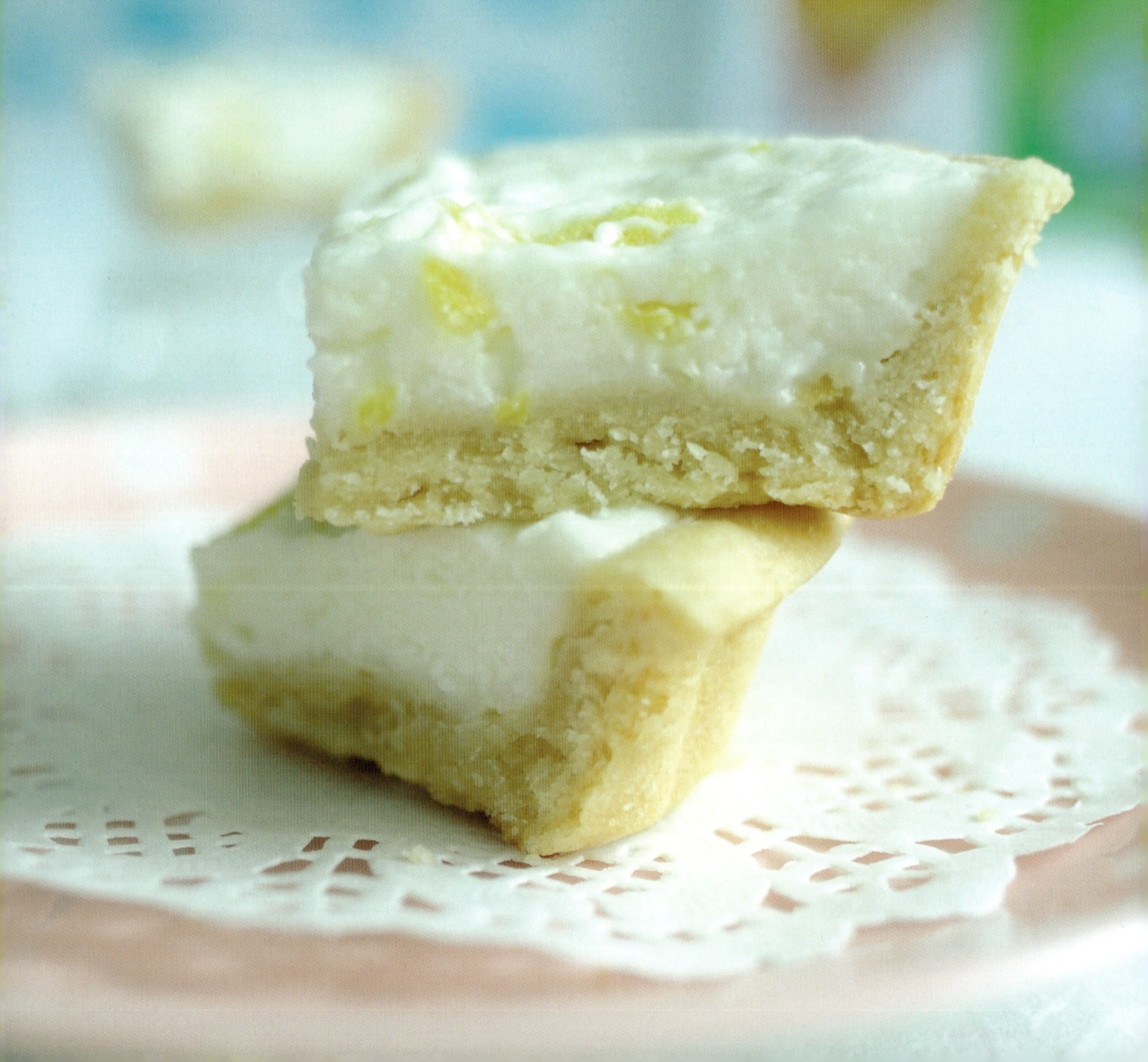

도구

타르트 틀

재료

❶ 반죽

화이트초콜릿 50g

생크림 100g

레몬즙 20g

가루젤라틴 2g

레몬제스트 적당량

물 10g

❷ 파이지

우리밀 150g

두유 45g

카놀라오일 30g

조청 20g

소금 ¼작은술

준비

1. 물에 가루 젤라틴을 10분 정도 불리고 중탕으로 녹인다.

2. 초콜릿은 녹여 놓고 생크림은 거품을 낸다.

3. 파이지 재료는 반죽을 해서 175℃의 오븐에서 10분 정도 구워 놓는다.

1 재료 섞기

녹인 초콜릿에 거품 낸 생크림, 레몬즙, 가루 젤라틴 녹인 것, 레몬 제스트를 섞는다.

2 파이지 굽기

파이지를 만들어 굽는다.

3 파이지에 넣기

파이지에 1을 넣고 냉장고에서 3시간 이상 굳힌다.

무화과 파이

잘 익은 무화과를 통째로 올려서 구웠다. 무화과의 향과 천연 당분이 농축되어 부드럽고 맛있다. 파이지 필링에
아몬드와 코코넛가루를 넣어 고소함과 향긋함으로 맛을 차별화했다.

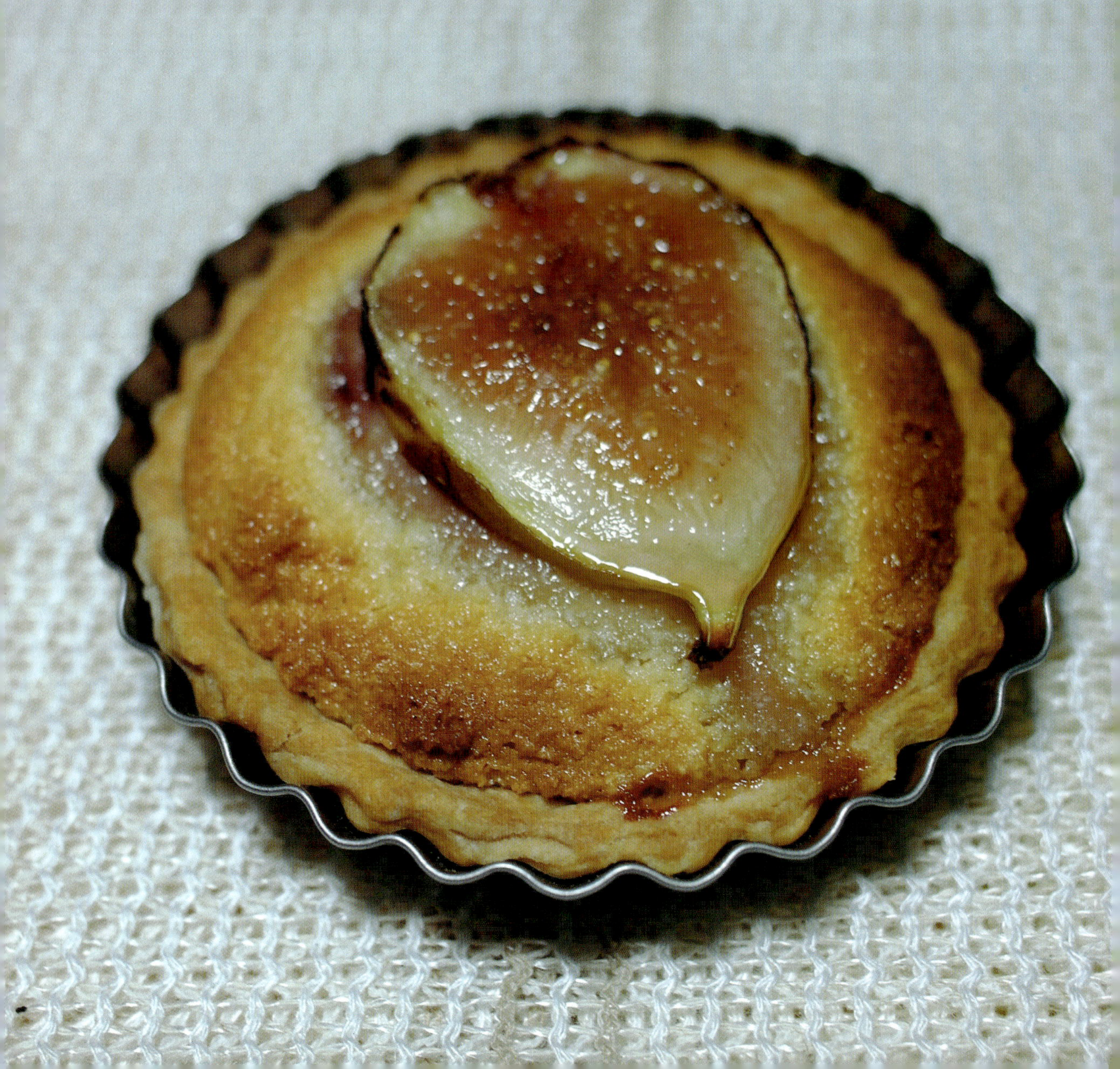

도구

타르트 틀

재료

❶ 필링

아몬드가루 45g
코코넛가루 45g
베이킹파우더 2g
전분 15g

조청 60g
럼주 15g
두유 60g
소금 ¼작은술

❷ 파이지

우리밀 150g
두유 45g
카놀라유 30g
조청 20g
소금 ⅛작은술

❸ 토핑

무화과 2개

준비

1. 가루재료는 체에 내려 놓는다.
2. 파이지는 반죽해서 구워 175℃
   의 오븐에서 10분 정도 굽는다.

1 재료 섞기
조청과 럼주, 두유, 소금을 섞는다.

2 가루 넣기
1에 아몬드가루, 코코넛가루, 베이킹파우더, 전분을 넣고 섞는다.

3 반죽과 무화과 올리기
구워둔 파이에 필링을 넣고 무화과를 잘라서 올린다.

4 굽기
180℃의 오븐에서 30분 정도 굽는다.

핫 컵 파이

□ 180℃ □ 30분

파이시트를 얹어서 바로 구워진 핫 컵을 수저로 한 스푼 뜨면 속에 따끈따끈한 김이 새어나오면서 맛있는 냄새가 코끝을 자극한다. 따뜻하고 부드러운 맛의 스프와 함께 컵 가장자리의 파이까지도 정말 맛있게 먹게 된다.

타르트 틀

❶ 수프

양파 150g

토마토 50g

버섯 100g

브로콜리 50g

게살 조금

두유 50g

물 200g

소금, 마늘 조금

❷ 파이지

우리밀 50g

베이킹파우더 ½작은술

두유 1큰술

올리브유 2작은술

소금 조금

오븐은 180℃로 예열(5~10분)한다.

1 컵에 야채 넣기

야채는 1cm 크기로 자르고, 게살, 두유, 물, 소금과 마늘을 넣는다.

2 파이지 만들기

파이지 재료를 고루 섞고 한 덩어리로 만들어 3mm 정도로 민다.

버섯은 표고나 양송이 등을 넣고 치킨스톡이나 버터, 생크림, 밀가루를 볶아 일반 수프 만드는 법을 활용할 수 있다. 또는 시중의 수프를 사다가 사용해도 좋다.

3 파이지 덮기

얇게 밀고 잘라 컵 가장자리에 물을 바르고 뜨지 않도록 잘 눌러준다.

4 굽기

180℃의 오븐에서 30분 정도 굽는다.

11 견과 파이

□ 170℃ □ 10분

호두는 고소한 맛과 영양으로 베이킹에 많이 쓰이는데 가루를 내어 쓸 때도 있다. 호두 파이는 호두 외에 다른 견과를 섞어 만들어도 좋다. 달콤한 것이 먹고 싶을 때 캐러멜 소스를 넣고 구운 바삭한 견과 파이를 만들어 보자.

도구

12cm 원형 파이 틀 3개

재료

❶ 파이지

박력분 150g
베이킹파우더 1g

버터 80g
물 75g
소금 ¼작은술
견과류 200g

❷ 캐러멜 소스
설탕 60g
버터 30g
생크림 40g
올리고당 20g

준비

1. 가루재료는 체에 두 번 내린다.
2. 오븐은 170℃로 예열(5~10분)
   한다.

1 호두 오븐에 굽기
견과류는 적당히 잘라 오븐에
넣고 살짝 굽는다.

2 파이지 굽기
파이지는 반죽해서 냉장고
에 숙성시킨 다음 파이 틀에 넣고
180℃의 오븐에 넣어 10분간 굽
는다.

3 캐러멜 소스 만들기
냄비에 설탕, 버터, 생크림,
올리고당을 넣고 약한 불에서 끓
이다가 갈색이 나기 시작하면 불을
끈다.

4 파이지에 캐러멜 소스 붓기
구워둔 파이지에 견과를 담고
캐러멜 소스를 부은 후에 170℃에
서 10분 정도 굽는다.

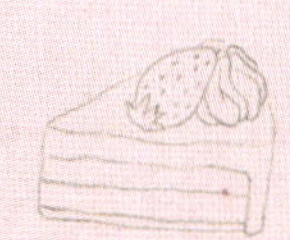

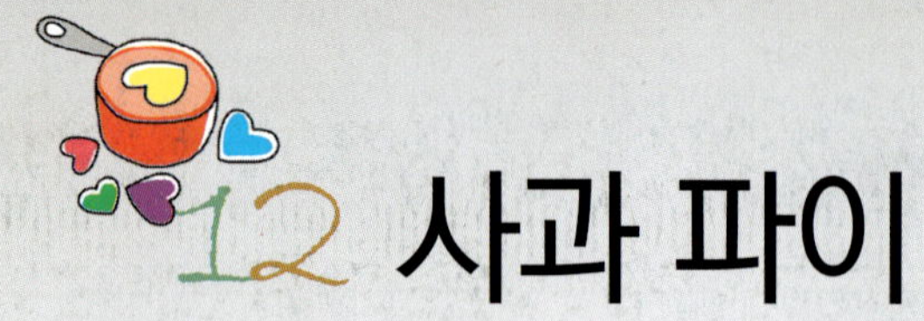# 12 사과 파이

사과는 무기질이 많아 몸에 좋은 과일로 그냥 섭취해도 좋지만 굽거나 조리면 향도 더욱 좋고 달콤해서 베이킹에 선 파이나 디저트, 케이크에 넣기도 한다. 사과를 잘라서 파이지 위에 올려 구웠다. 계피가루를 넣은 사과를 조려 파이 속을 채웠는데 사과와 계피향이 잘 어우러져 파이를 더욱 맛있게 한다.

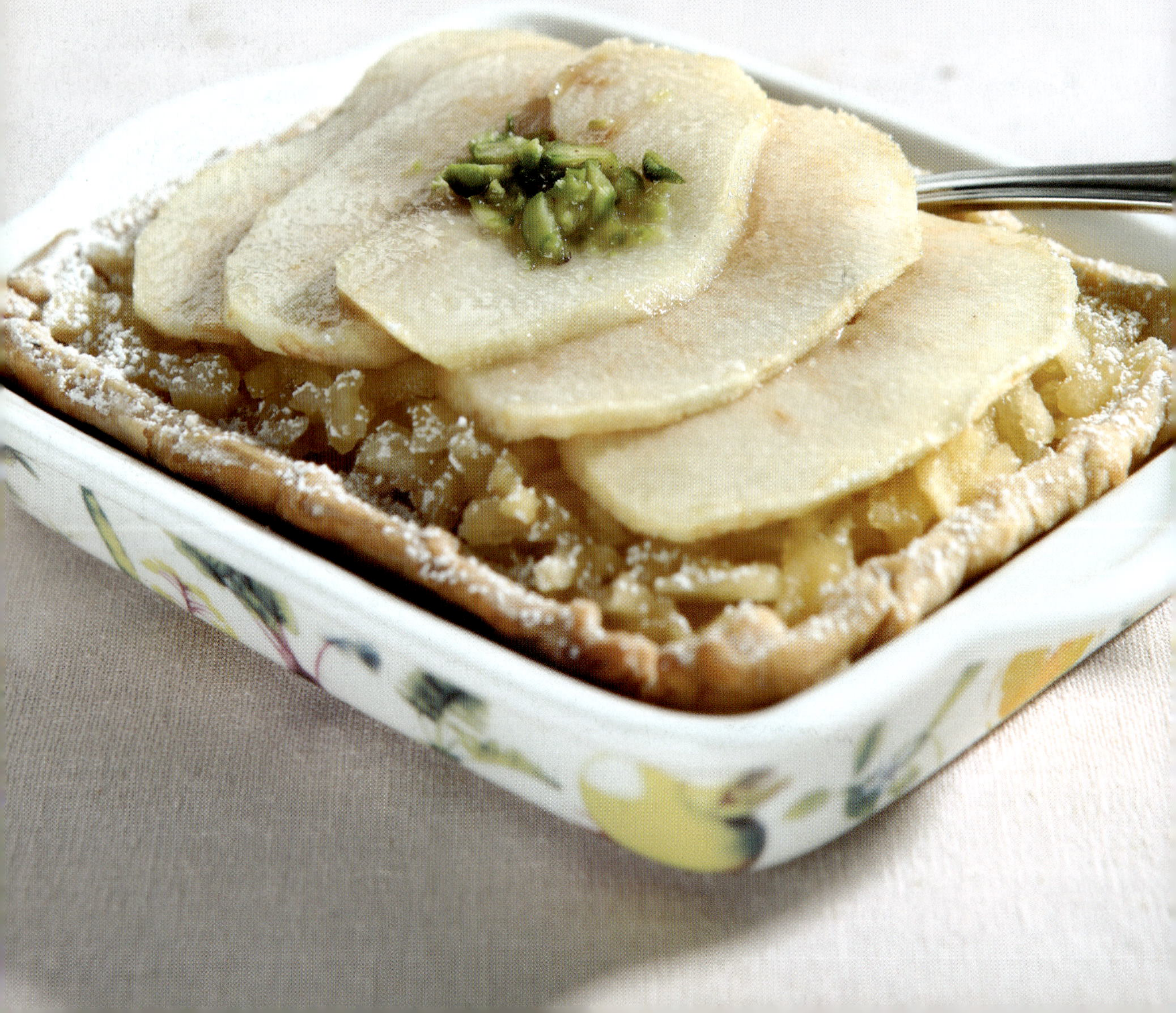

10cm 사각 틀 1개

❶ 파이지

박력분 50g

물 12g

카놀라유 15g

소금 ⅛작은술

❷ 사과조림

사과 1개

레몬즙 5g

설탕 30g

계피가루 적당량

❸ 토핑

사과 ½개

녹인 버터 조금

슈거파우더 조금

1. 박력분은 체에 두 번 내린다.

2. 오븐은 180℃로 예열(5~10분)

한다.

1 사과 조리기

사과를 냄비에 넣고 레몬즙과 설탕을 넣고 조려서 계피가루를 뿌려둔다.

2 파이지 굽기

파이지는 반죽해서 냉장고에 숙성시킨 다음 파이 틀에 넣고 180℃의 오븐에 넣어 10분간 굽는다.

3 조린 사과 채우기

구운 파이지에 조린 사과를 채운다.

4 사과 올리기

사과를 반달 모양으로 썰어서 윗면에 올린다.

5 오븐에 굽기

사과 위에 녹인 버터를 바르고 슈거파우더를 뿌린다. 180℃의 오븐에서 20분 정도 굽는다.

스틱 파이

파이 반죽을 할 때 접어서 하는 것은 프랑스식이고 반죽을 뭉쳐서 만드는 것은 아메리칸식이지만 구웠을 때 바삭한 맛은 거의 비슷한 것 같다. 파이 반죽을 할 때 넣을 버터는 단단하고 차가운 것으로 준비하고 물도 차가운 물을 준비한다. 이 파이는 겉면에 설탕을 묻혀 얇고 바삭하게 구웠다.

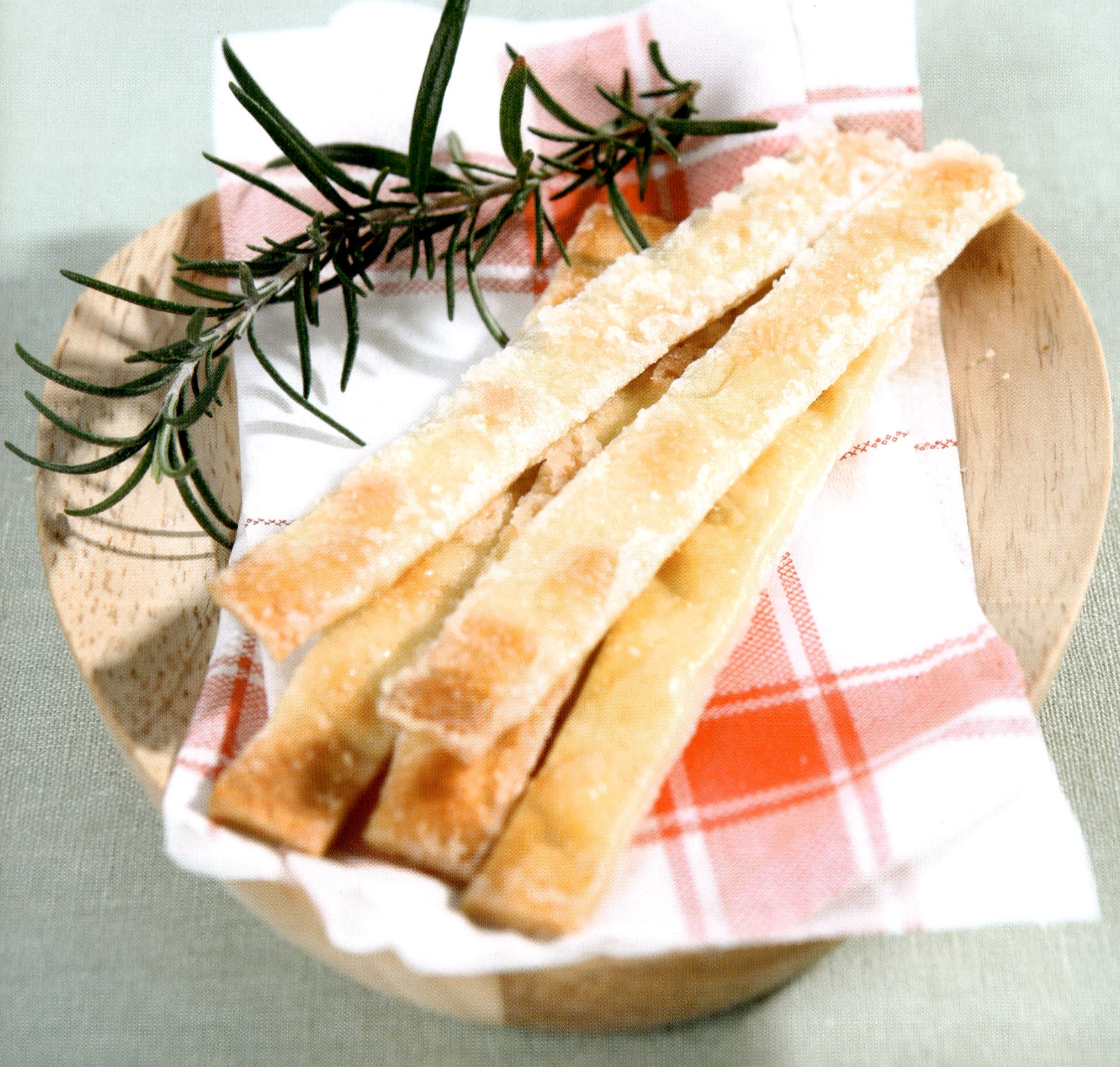

도구
오븐 팬

재료

❶ 파이지

- 박력분 80g
- 베이킹파우더 1g

- 버터 40g
- 찬물 30g
- 달걀 10g
- 소금 ⅛작은술

준비
1. 가루재료는 체에 두 번 내린다.
2. 오븐은 180℃로 예열(5~10분) 한다.

1 버터에 가루 섞기

체에 내린 가루재료와 버터를 푸드 프로세서에 넣고 돌린다.

2 반죽하기

1에 찬물, 달걀, 소금을 붓고 다시 한 번 돌린 다음 반죽을 작업대로 꺼내 하나로 뭉친다.

> 푸드 프로세서를 사용해서 반죽을 하거나 스크레이퍼를 이용해 버터를 잘게 자르면서 가루와 고루 섞이게 반죽한다.

3 냉장 숙성시키기

한 덩어리로 뭉친 반죽을 비닐에 담아 냉장고에 30분 정도 둔다.

4 밀대로 반죽 밀기

냉장고에서 꺼낸 반죽을 밀대로 밀어 납작하게 편 다음 두 번 접고 다시 납작하게 편다. 이 과정을 세 번 반복한다.

5 적당한 크기로 자르기

반죽을 냉장고에 넣어 1시간 이상 숙성시킨 후 밀대로 얇게 펴고 설탕을 뿌린 후 2cm 간격으로 길게 자른다.

6 오븐에 굽기

180℃로 예열된 오븐에서 10분 정도 굽는다.

14 코코넛 파이

□ 180℃ □ 10분

코코넛은 색이 하얗고 특별한 향이 있어 가루로 빻아 반죽에 넣고 주재료로 쓰거나 토핑으로 올려 맛과 장식 효과를 내기도 하는데 여기에선 길게 자른 롱 슬라이스를 썼다. 코코넛 롱 슬라이스는 오븐에 구우면 향이 더 진해 진다. 코코넛을 살짝 구워서 바삭함을 즐겨보자.

도구

13cm 파이 틀 1개

재료

❶ 파이지

박력분 50g

카놀라유 15g
올리고당 12g
소금 ⅛작은술

❷ 필링

전분 2g
코코넛파우더 20g

우유 50g
달걀 2개
설탕 40g
버터 10g
소금 ⅛작은술

❸ 토핑
코코넛 롱 슬라이스 구운 것
초콜릿 적당량

준비

1. 전분은 체에 두 번 내린다.
2. 오븐은 180℃로 예열(5~10분) 한다.
3. 코코넛 롱 슬라이스를 오븐에 넣고 갈색이 나려고 할 때까지 굽는다.

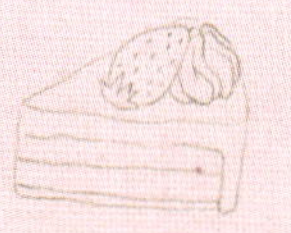

1 파이지 만들기

파이지 재료는 볼에 넣고 섞은 다음 한 덩어리로 뭉쳐서 비닐에 넣고 냉장고에서 1시간 정도 숙성시킨다.

2 파이지 굽기

파이지는 반죽해서 냉장고에 숙성시킨 다음 파이 틀에 넣고 180℃의 오븐에 넣어 10분간 굽는다.

3 재료 섞기

달걀을 풀어서 우유와 설탕, 소금을 넣고 고루 섞는다.

4 코코넛크림 만들기

가루재료와 녹인 버터를 2에 넣고 섞는다.

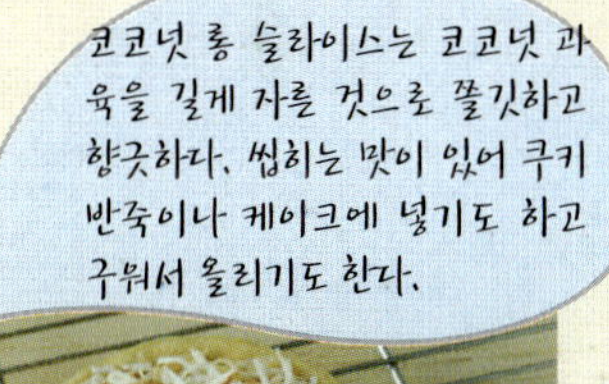

5 파이 틀에 붓고 굽기

파이지에 만들어 둔 3을 파이 틀에 넣고 180℃에서 10분 정도 굽는다.

6 장식하기

파이를 충분히 식힌 후 위에 코코넛 롱 슬라이스를 올린다.

저자가 제안하는 특별 레시피_
슈거케이크

슈거 케이크는 설탕을 주제로 만드는 창조적 예술이다. 로마시대부터 내려오며 여러 가지 기법이 다양해서 경험이나 연습 등 적절한 훈련을 거쳐야 만들 수 있다. 특히 웨딩 케이크는 줄리어스 시저가 영국을 점령했을 때 로마의 전통과 함께 소개되어 영국의 관습으로 자리 잡게 되었는데 요즘 우리나라에서도 인기가 높아졌다. 3층 케이크는 약혼, 결혼, 영원을 의미하며 원형케이크에만 의존하던 디자인은 점점 다양해져 결혼뿐 아니라 돌이나 생일, 이벤트 행사에 어울리게 제작된다. 슈거 케이크는 아직 일반적이지 않아 직접 구입하려면 일반 케이크보다 비싼 편이다. 여기에 소개된 케이크는 간단히 응용할 수도 있으며 모형으로 만들어 기념일에 쓸 수 있다. 안에 들어가는 케이크는 영국식 후르츠 케이크를 쓰지만 꼭 그렇지만은 않고 밀도가 있는 파운드 케이크나 초콜릿 케이크도 무난하다.

 **재료**

슈거 파우더 500g

물엿 80g

젤라틴가루 12g

찬물 45g

쇼트닝 10g

레몬주스 ⅓ 작은술

만드는 과정

1. 슈거파우더는 중탕으로 데우거나 전자레인지에 따뜻할 정도로 살짝 데운 후 체에 내려놓는다.

2. 젤라틴은 계량한 찬물에 10분 정도 불려둔다.

3. 물엿과 쇼트닝은 따뜻하게 중탕해 놓는다.

4. 따뜻한 볼에 중탕한 재료들과 슈거파우더를 넣어 주걱으로 고루 섞어주고 마지막에 레몬주스를 넣고 섞는다.

5. 잘 섞인 반죽을 비닐에 담아 플라스틱 용기에 넣고 하루 정도 숙성시킨다.

6. 굳어서 쫄깃한 반죽을 바닥에 쇼트닝을 조금 바르고 치대어 매끈하게 만든다.

7. 필요한 만큼 떼어서 색을 만들거나 쓰고 남은 반죽은 지퍼 백에 밀봉해서 냉장고에 보관한다.

> 반죽이 단단할 땐 전자레인지에 10초 단위로 돌려서 좀 더 말랑한 반죽으로 쉽게 밀 수 있다. 손과 바닥에 쇼트닝을 바르고 반죽을 밀대로 밀거나 충분히 치대서 반죽에 생긴 공기 방울들을 없앤다.

재료

슈거페이스트
스트로폼이나 파운드 케이크
밀대
살구잼
럼주

만드는 과정

1. 슈거페이스트에 색을 입히고, 밀대로 5mm 정도 두께로 민다.

2. 스트로폼에 물을 바른 다음(잘 붙도록 하기 위해) 슈거페이스트를 씌운다.

3. 옆면은 한 번에 다 붙이지 말고 조금씩 케이크를 돌려가며 주름 없이 붙인다.

4. 나이프로 남은 부분은 정리하고 평평한 것으로 문질러 준다.

할로윈 케이크

아이들과 재미있게 만들어 보는 케이크이다. 아기유령이나 박쥐는 커터기로 잘라서 붙이고 철망 모양은 아이싱이
나 초코펜을 이용해서 자유롭게 케이크에 그림을 그리면 된다. 작고 귀여운 아기유령들이 나오는 유머스런 케이
크이다. 아이들과 즐거운 시간을 만들 수 있다.

슈거페이스트
원형 스티로폼 1개
커버를 붙이는 데 쓸 물 약간
윌튼 색소 필요한 만큼

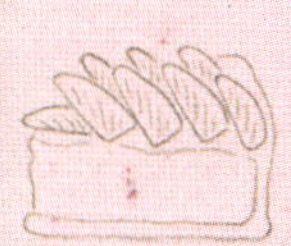

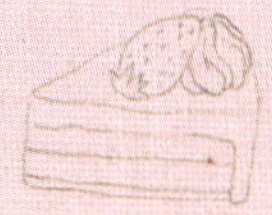

1 커버하기

슈거페이스트에 색을 입히고 스티로폼에 물을 바른 다음 커버한다.

2 박쥐 만들기

밀어둔 슈거페이스트를 박쥐 커터기로 자른다.

3 아기 유령 만들기

밀어둔 슈거페이스트를 아기유령 커터기로 자르고, 초 모양을 만든다.

4 모양내기

잘라둔 박쥐, 아기유령과 초에 각각에 맞는 그림을 그려 넣는다.

5 장식하기

만들어둔 것들을 물로 어울리게 붙이고 케이크 테두리는 초코펜으로 그림을 그려 넣는다.

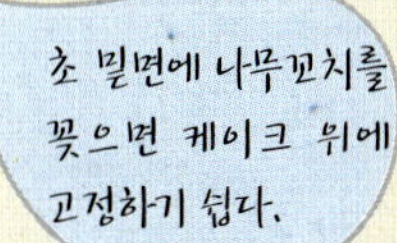

돌 케이크

슈거페이스트로 스티로폼에 커버를 해서 만드는 모형케이크이다. 꼭 도구를 갖추어야 만들 수 있는 것만은 아니다. 만드는 사람의 생각과 창작으로 다양한 모양의 케이크를 만들 수 있다. 슈거페이스트에 패치워크로 모양을 찍어서 응용할 수 있으나 귀여운 쿠키 커터나 나무 꼬치 등을 이용해 직접 무늬를 넣을 수도 있다.

재료

슈거페이스트
사각 스티로폼 1개
커버를 붙이는 데 쓸 물 약간
윌튼 색소 필요한 만큼

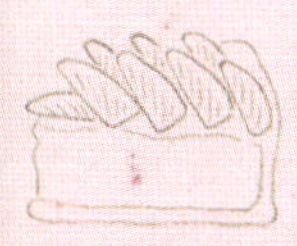

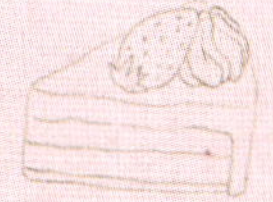

1 커버하기

스티로폼에 물을 바른 다음 슈거페이스트를 커버한다. 이때 슈거페이스트는 밀어서 고르게 붙이고 밑면을 자른다.

2 띠두르기

슈거페이스트에 색을 입히고 길게 밀어 밑면에 돌아가며 물로 붙인다.

3 모양내기

슈거페이스트에 여러 가지 색을 입히고 사각으로 잘라 안쪽에 작은 사각형을 붙인다.

4 모양찍기

슈거페이스트를 동그랗게 밀어서 모양을 찍고 4조각으로 잘라 케이크 모서리에 붙인다.

아이들이 좋아하는 캐릭터 케이크이다. 슈거페이스트로 몸, 머리, 귀 등을 직접 만들어 응용할 수도 있으며 실리
콘몰드를 이용해서 뽀로로를 바로 찍어낼 수도 있다. 슈거케이크는 인기에 비해 도구들은 아직 국산보다 수입품
에 의존한다. 눈사람이나 펭귄은 개성 있게 만들어 올린다.

재료

슈거페이스트
원형 스티로폼 2개
커버를 붙이는 데 쓸 물 약간
윌튼 색소 필요한 만큼
로열 아이싱 재료(달걀 10g, 슈거
파우더 50g 정도)

준비

로열아이싱은 주걱에 붙어 있을 정
도의 농도로 만들어 짤주머니에 넣
는다.

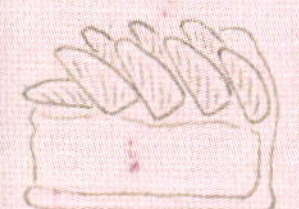

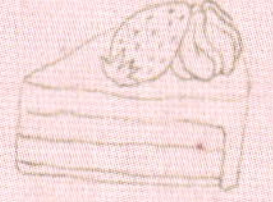

1 커버하기

슈거페이스트에 색을 입히고 스
티로폼에 물을 바른 다음 커버한다.

2 뽀로로 만들기

실리콘몰드에 슈거페이스트를
넣고 뽀로로를 찍어서 꺼낸다.

3 붙이기

커버한 받침 위에 물을 바르
고 커버한 케이크를 올린다. 뽀로로
는 물로 돌아가며 붙인다.

4 눈사람 만들어 올리기

케이크에 돌아가며 눈이 온 것
처럼 로열 아이싱을 조금씩 짠다. 눈
사람과 펭귄을 만들어 케이크에 올
린다.

04 웨딩 케이크

화이트의 우아한 느낌을 살려서 고급스런 웨딩 케이크를 만들 수 있다. 만드는 과정이 그다지 어렵지 않으며 슈거 페이스트만 준비되면 쉽게 만들 수 있다. 옆면의 꽃들은 쿠키커터를 이용했으며 밑면은 웨딩 느낌의 테이프를 둘러 깔끔하게 마감하였다. 윗면은 어울리는 인형이나 하트 장식품 등 소품을 올려서 꾸밀 수 있다.

슈거페이스트
원형 스티로폼 3개
커버를 붙이는 데 쓸 물 약간
신랑신부 몰드나 장식인형

몰드에 슈거페이스트를 넣고 신랑
신부를 찍어서 모양이 고정되도록
말려 놓는다.

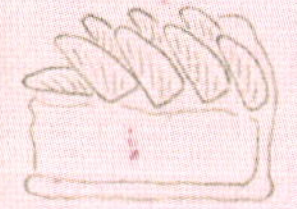

1 스티로폼 준비
3단 케이크를 만들 수 있도록
크기가 다른 스티로폼을 3개 준비
한다.

2 커버하기
각각을 밀어서 커버하고 밑부
분은 나이프로 잘라 정리한다.

3 모양내기
슈거페이스트를 얇게 밀어
쿠키커터로 찍은 것을 옆면에 물로
붙이고 테이프로 밑면에 돌려서 붙
인다.

4 장식하기
케이크 위에 준비해둔 신랑신
부를 올린다.

크리스마스 케이크

특별한 날을 기념하기 위해 직접 만드는 케이크라서 더욱 의미가 있다. 여러 방법으로 모양을 만들어 장식하고 불을 켤 수 있게 초를 만들어 올린다. 기념일에 어울리는 레터링을 해서 케이크에 붙이는데 이 케이크는 잘 보관하여 다음해 기념일에 꺼내어 다시 쓸 수 있다.

슈거페이스트
원형 스티로폼 2개
커버를 붙이는 데 쓸 물 약간
윌튼 색소 필요한 만큼

초와 리본은 미리 만들어 말려 두
면 케이크 위에서 모양이 고정된
다. 리본은 슈거페이스트를 얇게
밀어 적당한 크기로 잘라 리본처럼
만든 다음 가운데를 살짝 비틀어
말려 놓는다. 슈거페이스트에 필
요한 색들을 넣어 둔다.

1 커버하기

슈거페이스트에 색을 입히고 스
티로폼에 물을 바른 다음 커버하고
밑면은 나이프로 자른다.

2 모양 찍기

받침 가장자리에 커터기로 돌
아가며 무늬를 찍고 위에 커버해 둔
케이크를 올린다.

슈거페이스트는 말랑하게
치대어 작업 중 마르지 않
도록 비닐에 넣어 필요한
만큼씩 꺼내어 쓴다.

3 초 만들기

슈거페이스트로 원통형의 초
모양을 만들어 한쪽은 생일 초를 작
게 잘라 꽂고 반대쪽은 케이크에 고
정시킬 수 있도록 나무꼬치를 잘라
꽂는다.

케이크 위에 장식할 것
들을 미리 만들어 말려
두어야 고정이 잘 된다.

4 장식하기

슈거페이스트를 손으로 끈 모
양으로 길게 밀어 두 줄로 꼬아서 케
이크 아래에 돌아가며 물로 붙인다.
필요한 글씨와 눈 모양, 나뭇잎 모양
은 커터기로 찍어서 붙이고 만들어
놓은 초는 나무꼬치를 케이크 가운
데에 꽂는다. 리본은 물을 발라 케이
크에 고정시킨다.

이주희의 퀵브레드 100

발효가 필요 없는

퀵브레드

QUICK BREAD 100

발효가 필요 없는

퀵브레드
QUICK BREAD 100

발효가 필요없는

퀵브레드
QUICK BREAD 100

발효가 필요 없는

퀵브레드
QUICK BREAD 100